U0224034

荒野之美

自然主义种植设计

（荷）皮特·奥多夫（Piet Oudolf）
（英）诺埃尔·金斯伯里（Noel Kingsbury）

著

唐瑜　涂先明　田乐 **译**

化学工业出版社
·北京·

本书中文简体字版由 Timber Press 授权化学工业出版社独家出版发行。
本书仅限在中国内地（大陆）销售，不得销往中国香港、澳门和台湾地区。未经许可，
不得以任何方式复制或抄袭本书的任何部分，违者必究。

北京市版权局著作权合同登记号：01-2019-1359

图书在版编目（CIP）数据

　　荒野之美：自然主义种植设计 /（荷）皮特·奥多夫（Piet
Oudolf），（英）诺埃尔·金斯伯里（Noel Kingsbury）著；唐瑜，涂
先明，田乐译 .—北京：化学工业出版社，2021.5（2023.6 重印）
　　ISBN 978-7-122-38702-8

　　Ⅰ. ①荒…　Ⅱ. ①皮…　②诺…　③唐…　④涂…　⑤田…　Ⅲ. ①园
林植物—景观设计　Ⅳ. ①TU986.2

　　中国版本图书馆 CIP 数据核字（2021）第 044033 号

责任编辑：林　俐　刘晓婷　　　　　　　　　　装帧设计：卡古鸟设计
责任校对：赵懿桐

出版发行：化学工业出版社（北京市东城区青年湖南街13号　邮政编码100011）
印　　装：北京宝隆世纪印刷有限公司
880mm×1230mm　1/16　印张 17½　字数　400千字　2023年6月北京第1版第4次印刷

购书咨询：010-64518888　　售后服务：010-64518899
网　　址：http://www.cip.com.cn
凡购买本书，如有缺损质量问题，本社销售中心负责调换。

定　　价：138.00 元　　　　　　　　　　　　版权所有　违者必究

目 录

位于英国约克郡罗瑟勒姆的摩基特克·罗夫特会议中心（Moorgate Crofts）的绿色屋顶，由奈杰尔·邓尼特（Nigel Dunnett）于2005年设计。10~20厘米厚的基质上种植了约50种植物，以实现花期最大化。这是一个半集约化的绿色屋顶，视觉美和实用功能都得到有效实现。

序

21世纪的种植设计

植物是城市及室内空间的重要组成部分，这一观念已被日益认可。植物不再是一种奢侈品式的存在，仅仅只有装饰作用，它们还能净化环境空气，并且让人心生愉悦，促进身心健康，在这些方面人们已经达成共识。

无论是在独属的私人领域，还是在广泛的公共场所，园艺都增进了人们对自然的了解和互动。对于很多人而言，除了感受天气的变化外，植物可能是他们与自然仅有的接触。私人庭院为人们提供了选择植物品种及管理植物的机会，而公共景观项目需要设计师顾及更广泛的受众需求。无论哪种类型，设计师都要担负起一个新的责任：实现可持续性及生物多样性。可持续性要求我们尽量减少园艺中不可替代物的使用，以及降低有害物的产出，生物多样性则需要我们采用对野生动物更友好的种植设计和实施方式。

将各类多年生植物和乔灌木用于设计中，可以不断改善和真正实现可持续性和生物多样性，皮特·奥多夫（Piet Oudolf）和我（诺埃尔·金斯伯里Noel Kingsbury）一直以来都在践行这样的理念。减少需要定期修剪的草坪，降低对乔灌木不必要的修剪，这是设计理念的一大进步。这些被创造出来的丰富多样的生境，既为公众提供了触手可及的自然美景，又给野生动物提供了资源和栖息地，同时也改善了管理的可持续性。

种植设计的范畴涵盖了植物品种的选择及组合种植方式，这是一个将技术知识和审美认知融为一

这块地之前是皮特和太太在荷兰霍美洛（Hummelo）的苗圃，现在已经转变成进行大胆尝试的试验地，种植着生命力强劲的多年生植物，混播了野外草甸采集的草种，以及随机飘来的各种植物。只有时间能告诉我们这些植物会如何生长，形成怎样的景观。图中浅紫色的植物为'小卡洛'心叶紫菀（*Aster* 'Little Carlow'），深红色的植物为'巨型雨伞'紫花泽兰（*Eutrochium maculatum* 'Riesenschirm'）。

体的领域。本书主要以家庭园艺师、庭院设计师，以及景观设计师为目标读者，探讨了种植设计方面的最新趋势。当然本书对于其他专业人员也具有重要的参考意义，比如不直接参与种植设计，但工作与自然环境密切相关的建筑师；或是并不从事设计，但对人造景观的建造和管理日益有影响力的生态学家。

植物以及种植设计在私人庭院中的重要性毋庸置疑，其美学及功能上的作用已被广泛认可，但在景观设计领域这种认识并没有完善。更准确地说，在城市景观设计中，植物往往扮演的是"配角"。回溯历史，我们会发现在过往的几个世纪，行道树是城市里唯一的种植物。直到19世纪，公园才在城市里出现；20世纪末，荷兰开创性地大范围使用植物，植物在城市中才有了更多样化的运用。当下，植物日益受到重视，尤其多年生植物及观赏草的使用增加。这意味着，如何更好地组建和管理植物群落，并使其实现理想视觉效果，关于这方面的技术和知识的需求也在急剧增加。因此，或许我们有必要来审视下这些新趋势。

绿色屋顶（Green Roofs）

绿色屋顶的建造引起了公众的注意，建造绿色屋顶使用的技术同样适合于其他一些不能归类为屋顶的地方。在高密度的城市中创建人工种植环境的需求持续增加，其种植场地通常需要在不透水的表

（左图）位于英国沃里克郡山特维克公司（Sandvik Tools）的自由组合式多年生花园，由奈杰尔·邓尼特于2007年设计。目的是要在强降雨时期收集和储存雨水，防止洪水泛滥。图中深紫色的植物为'紫色圆顶'荷兰紫菀（Aster novi-belgii 'Purple Dome'）。

（右图）由奈杰尔·邓尼特为伦敦奥林匹克公园设计的植草沟，很好地说明了可持续性排水系统的基本概念。径流雨水在场地的最低处聚集，并缓慢地补充到地下水中，仅需将多余的水排走。英国本土丰富的植物品种被用于其中，包括图中清晰可见的白色的滨菊（Leucanthemum vulgare）和粉色的千屈菜（Lythrum salicaria）。

面铺上土壤或类似土壤的基质。芝加哥的卢瑞花园（Lurie Garden）便是这样的例子，它与屋顶环境类似，但实际是建在一个停车场上方。

绿色屋顶根据用途可划分为开敞型屋顶、密集型屋顶和半密集型屋顶。开敞型屋顶具有功能性，通常具有较浅的基质层；密集型屋顶是指采用传统种植方式的常规意义上的屋顶；半密集型屋顶则介于两者之间，既基于实用性的考虑，也会制造视觉吸引力。开敞型屋顶与半密集型屋顶都倾向于种植植物"群落"，即能和谐地共生于此类环境的植物组合，且维护需求很低。这些植物品种通常原生于干燥的草甸。这也是这种种植方式与传统种植方式最显著的区别，后者通常是将植株一株株分开种植。

雨水管理（Water Management）

城市的主要环境问题之一是水处理问题，特别是降雨后的雨水处理，因为雨水可能引发洪涝和相关污染。为雨水管理而设计的可持续性城市排水系统（Sustainable Urban Drainage Schemes，简称SUDS），可以截流雨水，然后存储雨水，或使之缓慢渗透补充地下水和溪流，或直接蒸发回归大气层。许多城市鼓励家庭园艺师建造雨水花园，以达到同样的目的，既不让雨水流失造成浪费，又极大地降低了对灌溉水的需求。对雨水有存储功能的绿色屋顶，常常在整合城市排水系统中占有一席之地。SUDS常采用植草沟来暂时储积雨水，再缓慢回补给自然排水系统。针对雨水花园需要仔细筛选植物品种，通常选择既耐涝又耐旱的乡土物种。在此基础上也要融入具有观赏性的种植组合。当然，最重要的一点是多品种的混合种植。

生物过滤（Biofiltration）

生物过滤是指用植物来净化环境中的化学污染物质。行道树、绿色屋顶和绿植墙是实现此功能的常见方式。植物可以有效地吸附灰尘，并将复杂的碳氢化合物（即挥发性有机化合物）分解为无害的二氧化碳（CO_2）和水。植物分解特定碳氢化合物的能力不同，因此混合种植比单一品种更加有效。

源于德国的生态泳池是一项针对性更强的生物过滤技术。在这个"泳池"里，植物与有益细菌一起发挥作用，将氮磷化合物分解掉，从而中断了致病细菌的营养供给。不同的植物在这个复杂的生化反应中发挥着不同的作用，因此多种植物聚集生长成了一个混合式群落。

自生植被（Spontaneous Vegetation）

后工业社会常常遗留下不少废弃地，如弃用的工业设施、铁道、矿洞、军事训练基地等。植物在这些地方以惊人的速度疯狂生长，迅速全面地恢复失地，修复被污染和破坏的环境，重建起自然家园。这类地方通常会自生出一片独特又迷人的植物群落，其中包含了本地物种、野草、逃逸的园艺品种等。因此，"改造"意味着要解构破坏这些独特的植物群落。近些年，对此类后工业废弃地采用了更积极的干预机制。德国率先对此类用地采用更加尊重和创造性的保护，以保留植物群落的独特性。

在废弃地改造项目中，最有名的一例便是纽约的高线公园。这是一段20世纪60年代被弃用的高架铁轨，最后一段在1980年被彻底关停。将其改造成公园需要进行全面重建，其中的植被也会随之消失。但是皮特和景观设计师詹姆斯·科纳（James Corner）的设计，旨在再现高线原有的野生氛围。该项目取得了巨大的成功，展现了后工业景观的重要性，这也启发了美国的其他项目。

许多独特的新技术和种植工程手法应运而生，最引人注目之处在于采用了多品种混栽的群落，这些植物形成相对稳定的组群，可以当成一个整体进行管理。这便是当代种植设计的核心趋势，即从过去精确的单株定植缓慢转向多品种混合种植，让设计和种植实现"整体大于各部分之和"的效果，充分发展植被而不是大量种植个体。

混合种植的要点在于多种植物的相互交织，而不仅仅是形成块或组，从而呈现出更加丰富和自然的视觉效果。这也意味着增加了植物间的互动和竞争，因而也需要设计师有更坚实的生态学基础，或者至少对植物的长期性状表现有更多的认知。

本书围绕荷兰景观设计师皮特在北欧和北美的各类私人及公共景观项目展开，旨在探讨基于混合种植的新兴种植。书中还囊括了来自其他国家与混合种植相关的从业者的研究经验，比如景观设计师、学术研究员、公共空间管理员等。虽然本书文字由我负责，但该书是我和皮特的共同成果，书中绝大部分内容都代表我们二人的观点。仅第4章"植物的长期表现"，源自我在谢菲尔德大学景观系就读期间的博士论文的部分研究成果，及其后续更深入的研究工作。因此，这一章节是我个人的观点。

我和皮特达成合作是出于我们对植物饱含了同样的热忱并沉迷其中。正如卓越的陶艺家对陶土和釉彩的深刻了解，或家具设计大师对各种木材的深入认知一样，资历丰富的种植设计师也有属于自己的植物"百科全书"。皮特作为一名设计师，拥有35年的实践经验。他不仅在设计中使用植物，还亲手种植植物，并于1982年至2010年间，与太太安雅（Anja）共同经营苗圃。我个人也有过一段相对较短的苗圃工作经历，由此累积了对植物习性深入的认知，比如植物生长过程中会有什么变化以及何时出现变化，最重要的是它们的根系如何发展。在栽种及繁育植物的过程中，我们需要掌握植物性状表现等相关知识，这对理解植物在未来数年呈现何种面貌至关重要。这无疑是皮特传奇故事中最闪耀的部分。

为帮助读者理解，本书的内容从两个方面展开：从宏观到微观，从有序到自生。第1章"种植——全面布局"，侧重介绍种植所需条件和从有序到自生的转变过程。第2章"植物组合"关注了中间层面，即如何多样化地组合各种植物。这与皮特作为一名真正的种植设计师所做的工作息息相关，相比起来，本书中提到的其他专业人士，称作"生态工程师"或许更为确切。在皮特的种植设计中，植物都有精确的位置，本章大部分内容是对他的种植设计的研究。随着时间的流逝，他设计的植物也会四处扩散，但这并不构成多大影响，因为他在最初做搭配设计时便考虑到了这些变化，它们只会非常缓慢微弱地影响最初的构想。

在第3章"植物搭配"中，我们将更进一步探讨植物的混合与配置：为什么某两种植物相邻更好？如何在一年的某个特定时期让植物组合看起来赏心悦目？为什么某组植物要比另一组变化得更快？我尤其关注植物的"架构"，即它们的形状和结构。本章对于刚入门的园艺师和设计师，以及只拥有小空间的私人园主来说，最有吸引力和助益。

第4章探讨多年生植物长期生存和传播扩张的问题，当然也涉及了死亡和消失。这些问题不仅在植物维护管理时期至关重要，在初始设计阶段我们就应该有深入的认识。

第5章呈现了种植设计领域中那些站在自然主义前沿的实践者的作品。皮特的工作可视为将自然景观艺术化的过程，而此领域的多数实践者更关注"从经过仔细研究的植物品种中创造自由的搭配"。"生态工程师"这个词更适合用来描述他们，即将植物表现同视觉审美相结合，创造出相对稳定又具有极高观赏性的植物群落。

对园林和景观的需求正日益成为一项全球化的趋势。曾有一段时间，大部分装饰性或休闲性的种植设计都集中在凉爽的温带气候地区，如欧洲西北部、北美、地中海沿岸和日本。其他地区的风格更像是模仿或衍生而来。然而现在这种情况已发生改变。随着新兴市场为公共景观和私人造园提供了更多的资源，巨大的可能性开始浮现。一方面是那些由于文化衰落或战争的影响曾一度停滞的园艺传统又复兴而起，尤其是伊斯兰国家、中国和泰国。另一方面是"植物配置表"的使用，这在之前的设计中并未涉及。

在"植物配置表"中，设计师们对新颖植物的采用令人振奋。过去，在非工业或新兴市场地区，大多数的花园设计仅用非常有限的植物种类，在相

（006~007页）位于宾夕法尼亚州匹兹堡嘉里炼钢厂（Carrie Furnace）的一座自生花园，其中蓝蓟（*Echium vulgare*）的花序尤为突出。后工业场地也能长出丰富且美丽的植物品种。景观顾问里克·达克（Rick Darke）参与管理这片废弃的工业用地。他将自己的工作定位在"发掘这座自生花园中有用的植物品种，并将其整合到最终的设计方案中。将具有历史性的炼钢厂作为核心，开发集住宅、商用、零售及交通道路为一体的综合性地块"。

似的气候地区，几乎是全球性的重复。无论你在热带的哪个国家，都会看到三角梅、丝兰和垂叶榕的无尽复制，让人感到失望。如今园林、景观和苗圃行业越来越注重本土植物，而不是采用标签式的全球化基本配置。其原因是多方面的：突显本土植物的多样性、拯救生物多样性、彰显本土特色，以及在当地复杂气候条件下保证存活率。

下面用一个例子来说明对本土植物的利用。阿玛莉亚·罗布雷多（Amalia Robredo）是一位在乌拉圭沿海地区工作的花园设计师，该地区原本拥有很多有趣的植物群落，但因为开发受到严重威胁。

在过去的几年里，她开始系统性地制作植物标本，并请蒙得维的亚大学的植物学家鉴定品种，然后收集种子，在自己的花园里尝试种植，最后用于项目中。沿海地区土壤沙化，且频发强劲、干燥的风，但是本土植物在这里生长良好，还能修复失去的栖息地，也提升了当地居民对环境的重视。对我们而言，这个过程还另有益处：一个新品种需要适应其他气候条件才能进入全球贸易，以往我们只能直接从野外引种，而现在可以由当地的苗圃和园艺师来测试这些新品种。皮特在美国的工作，以及他与来自威斯康星州的北风多年生植物苗圃（Northwind

（008~009页）这片鼠尾草和蓍草花海位于德国莱茵河谷魏因海姆的赫尔曼斯霍夫（Hermannshof），是以色彩和结构为主的自然主义种植设计的典型案例，能够很好地适应当地干燥的碱性土壤。蓝紫色的是林荫鼠尾草（Salvia nemorosa）和超级鼠尾草（Salvia superba）的杂交种，蓝色的是兔儿尾苗（Veronica longifolia），高大的黄色花朵是两年生自播繁殖的匈牙利毛蕊花（Verbascum speciosum）。前景中的草是来自非洲西北部阿特拉斯山脉的滇羊茅（Festuca Mairei），那里的气候类似于草原或草甸生境。

（左图）来自乌拉圭的设计师阿玛利亚·罗布雷多（Amalia Robredo）是当地植物设计的先行者，他们首次将本土植物用于设计中。乌拉圭沿海地带有许多惹人注目的植物品种，图中是胡须芒（Andropogon lindmanii）和银色的巴西甘菊花（Achyrocline satureioides）。

（右图）由卡丽娜·霍格（Karina Hogg）设计，阿玛利亚·罗布雷多担任种植设计的乌拉圭海岸边的绿色屋顶中，使用了许多最近引入培植的本土植物品种和非本土品种。海边具有盐碱和曝晒的极端环境条件，屋顶的基质层厚5~7厘米。银色的十字千里光（Senecio crassiflorus）是一种本土沙丘植物，黄色雏菊是本地特有植物东方胶菀（Grindelia orientalis），蓝色的是龙虾花（Plectranthus neochilus），前景是线叶针茅（Stipa filifolia）。

随着高线公园日益受欢迎，许多社区也开始将废弃的铁道视为潜在的公共空间。同其他工业遗址一样，废弃铁道处的基质非常贫瘠甚至已被污染，几乎不能称为"土壤"，但实际上对于发展植物多样性非常有用。逆境往往比肥沃地块更能激发生物多样性，虽然从生态学上看，这有悖于我们的直觉认知。左图是位于宾夕法尼亚州雷丁市的一处铁道，博落回（*Macleaya cordata*）和一种毛蕊花属（*Verbascum*）植物在这里尤为突出。反倒是在其他地方，本土植物很难找到合适的生长空间。

（012~013页）纽约高线公园的设计旨在恢复这处废弃铁道的自生植被。图中是十月份时，异鳞鼠尾粟（*Sporobolus heterolepis*）和'门径'紫花泽兰（*Eupatorium maculatum* 'Gateway'）凋谢后留下的种子穗，旁边是正在盛开的黄色的香金光菊（*Rudbeckia subtomentosa*）。

Perennial）的植物专家罗伊·迪布利克（Roy Diblik）的合作，已经激发起中欧和北欧景观设计师对北美多年生植物的兴趣。

景观领域的从业者大多是"学院派"，乐于交换想法、图片和植物。我们可能会创造出截然不同的作品，但都源自相同的基本信念，这样的信念甚至被其他领域的业余爱好者或专业人士所日益接纳。我们都对野生植物和群落抱有极高的热情，也担负起作为景观设计师所应有的使命：创造出既能拯救生物多样性，又能给人以精神滋养的环境。希望本书能激发和鼓励更多的人加入我们。

对种植设计来说，当下是个充满乐趣和创意的时代。在许多地区，植物与建筑以及更广阔的城市结构相融合，已超出以往仅有的观赏和休闲功能。长久以来，在景观设计领域，甚至花园设计中，种植设计都如同"灰姑娘"一样没有存在感，不会激发起人们广泛的讨论。现在，景观设计师已给予种植设计更多的关注，并越来越意识到需要将植物融入我们的生活。我希望此书能为此做出一点贡献。

（014~015页）于2004年开放的芝加哥千禧公园里的卢瑞花园，是新型城市公共花园的范例。它实际上是一处停车场上的巨大屋顶，但常被看作地面景观的一部分。
它以美国中西部草原景观为蓝本，将本地植物与引入的多年生花草组合在一起，象征着自然与文化的融合。城市居民理解了混合种植的用心，甚至想了解更多关于野生植物的信息，进而去关注更深刻的问题，如环境保护和生物多样性。

第 1 章

种植——全面布局

植物在公园或花园中的传统设计方式，反映出一种追求秩序化和规范化的文化现象。但当代种植设计不仅更加自由，而且力求体现真正的自然。对于如何可持续性地与自然进行协作，它也在尝试给出答案。

面对一处野生或半野生的自然生境，即使匆匆一瞥，也能注意到这是由多种植物组成的混合体。即使是一个一直生活在城市且对野生植物没多大兴趣的人，春天或初夏时站在寻常的田地前——指的是传统的低密度草地或干草甸——也会注意到其中混合生长着各种野花。如果再仔细观察，很快便能分辨出各种不同的野花及其生长状态。有些植物呈丛生状，有些蔓延至裸露的地面，看上去尤其茂密，也有些近乎均匀分布。开花植物散布在整个田野中，欧洲常见的有草甸毛茛（*Ranunculus acris*）和红车轴草（*Trifolium pratense*），但分布并不均匀，很明显某些地方的花比其他地方更密集。废弃构筑物或类似地方，是欣赏复杂的植物群落的理想场所。在北美的许多地方，植物的多样性丰富到令人目不暇接，尤其临近生长季尾声，各种野草、野花及种子遍布广阔的田野。

（左图）在彭斯索普（Pensthorpe）花园自播繁殖的多年生植物。

早春时节是欣赏多年生植物分布状态的绝佳时期。左图中，不同植物成块出现——虽然大多数设计师不会像图中一样沿直线种植（图中是纽约市公园管理局完成的种植）。右图展示了更自然的混合种植方式（高线公园），虽然也有不少区块，但相互间自然地融合在一起，有些植物也分散得很开。

1.1 种植块还是混合种植？

半野生的草甸是观察和思考自然植物群落的视觉效果的绝佳场所。林地虽然也会有相似的特征，但"只见树木不见森林"，很难找到合适的位置纵观全局。关注以下几个方面会对观察有所帮助。

● 混合——在一片野花草甸中，所有的毛茛整齐地长成一片，车轴草和蓟也各占一片，这样的景象在自然中显然是荒谬的。植物群落应该是由多种植物紧密混合而成。

● 多样性——不同区域植物群落的物种差异很大，但通常情况下，实际的物种数远比眼睛所见到的要多，越仔细观察越能发现更多的物种。

● 复杂性——试想一下要清点一平方米地块中的物种数量，该是一件多么困难的事情，更不用说计算单个物种的数量，其中一个重要原因是植物之间密不可分的交织关系。

● 变化——这是由于植物群落分布不均造成的。走过一片草地（北美大草原最适合这类观察），便能看到物种分布的不断变化，它们一会出现，一会消失。

● 连贯性——尽管植物分布的复杂性令人难以置信，但整体上是具有统一感的。退后几步来欣赏整片草甸，眼前成千上万的植物连成一整幅清晰的图

（左图）这是八月份伊利诺伊州芝加哥市奥黑尔机场附近鞋厂的路边草甸。开花的草甸特别适合用来观察植物的分布模式。几种植物通过特别的颜色突显自己，淡紫色的假龙头花（*Physostegia virginiana*）和奶白色的全缘叶银胶菊（*Parthenium integrifolium*）脱颖而出，而灰色的灰毛紫穗槐（*Amorpha canescens*）是通过高大的形态和独特的色彩凸显出来的。四处散布又混合在一起，是野生植物群落典型的分布模式。

（右图）九月，伊利诺伊州冰河公园里的沙质草甸上，通过淡紫松果菊（苍白松果菊，*Echinacea pallida*）的花头可以看出植株松散的组团分布情况。这种随意的分布方式极具效果，并且很容易在栽培中复制。画面背景中，能看到红色的火炬树（*Rhus typhina*）正缓慢地扩大自己的地盘，这个树种在纽约市高线公园中也有使用，每年都需要通过修剪控制其蔓延。

像，绿色的底色铺满整个区域（年末时则是棕色），各种颜色的花朵星星点点散布其中（年末时则是凋谢的花头）。复杂性之间的简单性和清晰性给人以连贯性，展现出野生植物群落最美的一面。

● 显著性——能够创造出连贯性视觉效果的，正是那些出类拔萃的物种，它们在色彩、形态、高度或数量上脱颖而出。欧洲草甸上的毛茛便是以数量上的绝对优势占据了引人注目的地位。不同环境中的其他物种可能采用不同的手段脱颖而出，最有效的是将颜色、形态和高度等都结合起来的物种，比如初夏草甸上高高挺立的成片的白花赝靛（*Baptisia alba*）。

1.1.1 现代主义的种植块——20世纪的种植风格

对于栽培植物的成块种植形式我们非常熟悉，农业上大规模地采用这种方式。除了地块的大小在变化外，勃鲁盖尔（Brueghel）画中那些中世纪农民收割麦子的景象至今依旧不变。我们所熟知的大多数景观种植设计都由块组成（常见于灌木），而且通常建议种植数量为奇数块。实际上，这种单块种植的方式在很大程度上是源自20世纪的传统。

单块种植在公共景观领域是种植的基本单位，在规模相对较小的私人花园中可看作是降低人力成本的一种策略。19世纪的大多数种植非常复杂，需要大量的时间和高超的技术来设计和维护。更自然位于爱尔兰西部的这座花园（2006年）采用了块状种植。尽管如此，重复出现的植物群落在此处创造出一种强烈的韵律感和整体感。在七月，这里有北美腹水草（*Veronicastrum virginicum*，中间位置）、'心红'紫景天（*Sedum* 'Red Cauli'，前景右侧）、'沼泽女巫'天蓝麦氏草（*Molinia* 'Moorhexe'，前景中间）和'摩尔海姆美人'秋花堆心菊（*Helenium* 'Moerheim Beauty'，中间位置）。此外，好几丛巨针茅（*Stipa gigantea*）高高地挺立于其他植物之上，将整个种植区域统合在一起。

德国博特罗普市的伯尔尼公园（2010年）中，单一景观草'金穗'发草（*Deschampsia cespitosa* 'Goldtau'）反复出现，在这样的大空间里也极具震撼效果。前景中，混合秋生薹草（*Sesleria autumnalis*）和'老妇人'紫景天（*Sedum* 'Matrona'）等多种景观草增添趣味性。图为八月份时的景象。

化的种植方式始于众多设计师的突破，比如英国的特鲁德·杰基尔（Gertrude Jekyll，1843—1932年），其将以往的种植块拉长形成种植带，并对边缘进行柔化处理，从而可从多个角度观察和观赏植物之间的关系。自然化和简约化可以说是贯穿整个20世纪且紧密关联的两个趋势。在第二次世界大战后，德国的公共景观中出现了自然形态的多年生植物种植块，20世纪中期，在巴西景观设计师罗伯特·布雷·马克思（Roberto Burle Marx，1909—1994年）的设计中出现了灵感来源于抽象画作的更大的种植块，这些作品都明显受到现代主义的影响。20世纪60年代的荷兰也在公共区域广泛使用成块的灌木丛，这一风潮在当时的景观行业极具影响力。

现代主义为20世纪自然化和简约化的种植设计提供了理论基础。然而，并非所有人都能接受。从20世纪70年代开始，注重生态的园艺家们开始推广使用乡土植物，并把花园作为生物多样性的保护区，致力于实现这些目标的荷兰团体被命名为"绿洲（Oase）"。同一时期，在德国兴起了在公共花园中营造更自然的对野生动物更友好的景观的风潮，并日益成熟。这种德国风格被称作"栖息地（Lebensbereich）"风格，主要源自魏恩施蒂芬应用技术大学的理查德·汉森（Richard Hansen）教授，魏恩施蒂芬应用技术大学位于慕尼黑北部，是一个试验性花园和研究机构。此风格植根于以植物群落为核心的植物生态学。这种以多年生植物为基础的种植方式在随机混合种植上取得了最新进展，本书后续章节中将予以讨论。

同种植物，同个地方——种植块的优缺点

单品种种植块的设计风格或已过时，但并非失去了讨论的价值。不可否认，简单的图形效果依然具有价值，对于公共景观设计专业人士尤为如此。在私家花园或其他专属场地中，此风格效果简约，

相较于复杂的多年生植物种植方式具有显著的优点。事实上，单品种种植块的真正优势，或许恰好与本书重点互为补充：混合种植并不能始终保持结构效果，甚至在一年中的某些时候会产生结构缺失；而单品种种植块却能创造出令人眼前一亮的张力。

如果缺乏时间和技术导致维护能力有限时，单品种种植块的优势将更加明显，任何长得不一样的植物都可以直接除掉，这在草本景观中尤其适用。自然风格种植已推广很多年了，但由于维护人员缺乏经验或未被告知工作细节，而把精心挑选的植物品种当野草挖掉或用除草剂除掉的情形常有发生。不幸的是，即使是许多熟悉草本植物的园艺家，有时也很难分辨到底哪些是杂草，哪些是要留下的。但是采用单品种种植块的方式就能轻易地避免这类悲剧的发生。

然而，除非有特定的设计意图和实际的功能需求，否则我们仍强烈建议园艺家和设计师们摒弃这种过时且缺乏想象力的种植块。在私家花园中，种植块不过是过渡到自然风格种植设计的缓冲区。在公共空间中，设计师们习惯于把植物当作绿色混凝土使用。当然也有特例，比如用极其夸张的大型种植块制造强烈的视觉冲击力，但这是另外一回事儿了。

除了单调过时外，还有很多重要且客观的因素让种植块失去魅力。其中一点，就像伟大的演员在表演结束后在酒吧里宿醉一样，当一株植物完成开花使命后，很容易让人产生视觉疲劳。然而，即使在仅有少量植物品种且高度不同的多年生混合种植区，不同的植物往往会吸引人们反复欣赏。特鲁德·杰基尔设计的种植带的最大优势之一是，种植块能轻松保持形状，但通过延伸种植块，可以隐藏有些植物"花期已过"的状态。

（022~023页）混合种植相较于单块种植，其优越性在于能使物种随机、紧密地融合。秋去冬来，植物的剪影、质感和形态将完全展露出来。图中，在德国赫尔曼斯霍夫的一处干旱草甸上，墨西哥羽毛草（*Nassella tenuissima*）与多年生植物淡紫松果菊（苍白松果菊）凋谢的黑色花头交织在一起。集中于右边的灰色果序是小灌木灰毛紫穗槐。

在花园设计中，甚至在公共景观中，我们都应该允许意外事件发生。图为奥多夫住宅南侧露台铺砖之间偶然萌发的一片花草。生命周期短但结籽能力强的墨西哥羽毛草已经发芽，旁边是蓝紫色和粉色的草地鼠尾草（*Salvia pratensis*），还有从铺装间探出头来的柏大戟（*Euphorbia cyparissias*）。

1.1.2 恰当的混合模式——混合种植的优缺点

从种植块到混合种植，是当下种植设计的一大趋势。如果要下个专业定义，一个"纯粹"的混合种植是指在给定区域内将多样化植株完全融合。对于有良好植物知识储备的园艺师或设计师来说，这并不是难事。时至今日，植物搭配已成为设计师或园艺爱好者创造力的重要驱动。真正好的植物搭配应当是相得益彰的，比如两种或多种植物在色彩或姿态上的互补，彼此之间能产生奇妙的化学反应。但事实是，这样的搭配几乎没有。相反，绝大多数的搭配看上去不错，但并不亮眼，而那些能长期保持良好状态的搭配看上去又很平庸。创造出一种简单又协调的搭配模式并反复使用，是开发有效的混合种植的第一步。两种植物搭配在一起虽然很引人注目，但从设计理念来看，它缺乏深度，而且很难一年四季都保持良好的效果。四五种植物能构建简

单的混合种植，如果选择得当，整年都有可欣赏的趣味点。

需要特别强调的是，我们在此讨论的混合种植有截然不同的两种方法。

第一种是仔细研究混合植物品种后用于大面积种植，可以随机混合选定的植物，也可以重复配置设计好的模块，就像镶嵌师或砖瓦匠将小模块重复拼接形成完整图案一样。茶或威士忌的混合饮品的研发也与此类似，仅对混合物中的一个变量进行研究，根据不同选择而实现量产。因此，这一混合种植模式可以通过两种方式进行复制：一是纯粹的大面积运用，即在任何合适的条件下都采用这个既定的混合种植模式；另一种是基于特定地点开发匹配的混合组合，仅用于某一项目。

第二种是既不随机分配也不重复模块，而是针对每一株植物的具体位置进行设计，在不同区域有

不同的混合样式，小型组群以不同的节奏重复，从而达到更细腻微妙的变化效果。

总而言之，共有3种混合种植方法：

- 随机混合式，既可以是移植也可以是播种；
- 模块重复式；
- 设计混合式。

当然，也有折中的方法，比如将种植块的边缘地带模糊化，或是在种植块内采用随机混合式。

几乎所有园艺家都会告诉你，撒播混合种子是实现自然效果的一种好方法。来自谢菲尔德大学的詹姆斯·希契莫夫（James Hitchmough）经常采用这种方法。起源于德国和瑞士的"混合种植"或"整合种植"系统，旨在通过移植幼苗达成相似的效果。模块重复式有一定的技术难度，但也是可以实现的。从理论上来看，此模式可以高效地创造出混合植物景观。

毫无疑问，混合植物景观非常赏心悦目，令人过目难忘。此外可以轻松实现四季有景，并免受杂草入侵的影响。通常，种植越有序，杂草问题越严重——夏日里在几何状的种植区里，杂草就像灯塔一样高高伫立。而更野趣自然的种植风格，杂草则很少能突显出来，尤其是混合种植方式，能最大限度地吸纳入侵的杂草。事实上，我们不妨采取一种务实的态度来对待它们，允许一些自发生长的物种存活和传播。

最后，我们谈谈混合种植的成本优势，更准确地说是随机混合式的成本。德国和瑞士之所以发展出混合种植模式，正是为了降低市政景观、园艺展览或其他公共场所里大面积种植的成本。这一构想是根据实际功能和审美要求精心挑选出合适的混合植物品种，因此设计成本在一开始就被一次性承担了。于是，任何人都可以为成百上千平方米的场地采购这样的混合种子，仅需支付给最初的设计团队一定比例的特许权使用费即可。花园或景观设计师只需要决定采用哪种混合，从而将设计成本降到最低。

下面，说一说混合种植的缺点。有限品种的混合在大范围内推广使用，会很快形成视觉疲劳，景天科植物的屋顶花园便是如此。当下，商业苗圃大力推广的混合种子，就很可能使原本大胆的创新，在大面积落地后，变成乏味低廉的寻常景色。混合种植模式虽然在生物多样性方面具有价值，但要让景观获得为此付费的大众的青睐，就必须具备良好的视觉品质。我们希望随机种植能得到持续的研究和发展，从而产生更多的新搭配，带来源源不断的变化和新意。商业出售的植物混合组合虽说可以根据特定生境条件来定制，但也只是尽量接近种植地的现有条件，无论如何，这都谈不上是"因地制宜"。

关于随机混合种植还有一个问题，尤其是采用幼苗移植而非播种。这与物种的长期发展和分布密切相关。在自然界中，植物群落从来不是随机分布的。某些物种会先占领一个区域，随后其他物种接连涌现，因此整个物种群落是逐渐丰富起来的，而不是一窝蜂地同时出现。随着时间推移，土壤和微气候的变化会引发自行的物种筛选，因此不同区域里不同物种所占比例也会不同。试着回想一下草原上的野花是如何分布的，它们所创造的审美享受，不仅来自野花散布交融在广阔天地间，更来自某几个物种微妙地此消彼长，在空间中不断变换着组合。如果用混合播种的方式，微气候间的细微差异在出芽时便显现出来，植物会不断生长以适应该区域的环境特点。结果是，不同区域有着不同的景观效果，从而带来更好的生态适应性和多样性。随机播种也有潜在危险，当某些物种有很明显的优势地位时，会在所有方面都表现出强势生长，以至于其他弱势物种无法存活。在随机的乔木种植中，便出现过这种情况。

模块重复式或设计混合式是解决这个问题的一

（左图）多年生植物能自然地混合生长在一起，既可以通过枝条或茎蔓交织在一起，也可以通过播种实现。图为八月时在荷兰霍美洛的景象，几丛不同品种的植物交织混合，相近的色彩加强了整体效果。淡粉色的帚枝千屈菜（*Lythrum virgatum*）位于中央，右侧是颜色略深的药水苏（*Stachys officinalis*）。后面和前面的细长花序是蛇鞭菊（*Liatris spicata*），颜色浅一些的是阿拉斯加地榆（*Sanguisorba menziesii*），后面浅粉色的花朵是俄勒冈花葵（*Sidalcea oregana*）。

（右图）图中景象位于英国诺福克郡的彭斯索普花园，单块种植数年后两种植物混合形成草甸的一部分。日本蓝盆花（*Scabiosa japonica* var. *alpina*）和深粉色的紫花石竹（*Dianthus carthusianorum*）都有着纤细的茎，它们起初被种植在不同的单块中，几年后便自然而然地融合到了一起，说明其自播繁衍的能力很强。

种方法。皮特·奥多夫毫无疑问十分擅长设计混合式，从数据分析来看他设计的植物组合，会发现潜在的几乎无穷尽的排列组合的可能。正因如此，奥多夫的设计组合从长远来看，比随机混合种植更接近于自然界存在的植物群落。此外，大多数随机混合采用15~20个品种，而他所使用的品种数量远大于此。并且，在较大面积的场地里，奥多夫的作品中常常采用品种组混合，每个品种5~11株群植在一起（数量取决于整体面积和规模的大小），因此他

的混合实际是品种组的混合。

　　未来的设计师毫无疑问需要在混合种植中，去开创更丰富的视觉效果和发展的可能性。核心的思考将集中在：是随机分组，还是品种组的混合，又或者只用品种组或单株植物等。根据不同的植物和场地做出不同的选择。这些问题对设计师或园艺师来说，仅仅是庞杂的种植设计过程的最初始阶段。我们希望本书中提出的思考要点能对大家的整个设计过程有所帮助。

1.2　秩序与自发

1.2.1　创意张力——秩序和无序的平衡

在园林发展历史中，绝大多数的花园或景观管理都是关于如何驯化自然的。在那个自然显得无所不能且不太仁慈的年代，这是可以理解的。但当下，面对肆意扩张的人类，自然似乎低下了头，再强调"驯化"显得不合时宜了。前几代人对于人与自然的关系，极度推崇"人本中心论"，因此将人类眼中认为"美丽"或"有用"的东西强加于自然，还被视作合乎情理。现在，人们逐渐意识到人类仅仅是这颗小星球上新进化出来的物种，对周围环境的科学认知使人类从自我傲慢中警醒过来。但我们仍希望花园和景观符合我们的审美需求，实际上，我们也越来越认为自然而然发生的事物就是赏心悦目的。早期强加于自然的秩序，在许多人眼中其实也是缺乏吸引力的。因此，人们现在高度认可将自然作为景观的一种品质，而那些被视作不自然的景观，则该被淘汰。

此外，越是偏离自然的种植，维护的成本也越高，因为每年都需要修剪，快速生长的树篱或绿雕每年甚至需要修剪两到三次。因此过去的园艺工作中修剪占据了大部分时间就不足为奇了。修剪工作曾经是而且现在仍然是展示你有能力雇佣别人为你工作的方式。这也与人类的掌控欲有关——人们想要征服自然，而花园便是展示厅。随着时间的推移，人为秩序化的自然所带来的高昂的维护成本，以及人与自然之间日趋放松的相处模式，使得人们越来越欣赏自然的"无序"之美。

自然式种植的兴起经历了好几个阶段。什么才是自然的，每个阶段都有一套理念，有时还会相互矛盾。比如，18世纪的英国园林中引入了革命性的观点，认为直线条既没用又多余。时至今日，许多崇尚自然风格的人仍对直线强烈排斥。但是生态学

家指出，鸟儿并不介意它筑巢的树是成排生长还是成簇生长的。也有许多设计师认为直线可以为充满野趣的种植带来秩序感。

在英国，以劳伦斯·约翰斯通（Lawrence Johnstone）的希德寇特花园（Hidecote，1907年）、哈罗德·尼科尔森（Harold Nicolson）和薇塔·萨克维尔-韦斯特（Vita Sackvill-West）的西辛赫斯特城堡花园（Sissinghurst，1930年）为代表，开创了工艺美术园林风格，妥善地化解了英国园艺师的主要矛盾，融洽地平衡了大家对自然式种植（尤其是多年生草本）的喜爱和对传统园艺风格的念旧之情——现仅限于树篱、点缀式的绿雕和园林小筑。在荷兰，米恩·雷斯（Mien Ruys，1904—1999年）则用现代主义手法来平衡形式化与自然式种植设计间的冲突。对当代景观设计师来说，存在着不断发展完善的可能性来平衡秩序与无序。

1.2.2　表面的无序——设计自发性的悖论

18世纪的英国庄园主在其顾问的建议下，种植了蜿蜒起伏的树林景观。无论是他们，还是之后追随这一风格的人们，都在试图告诉参观者，他们成功打造出了自然式景观。但是，大自然不会容忍树丛和开阔的草地间泾渭分明的界线，过不了多久，便有小树苗、灌木和攀援植物来侵扰并模糊边界。此外，对树丛及邻近湖泊、田野的规划布局也是为了符合某种审美需求。这种自然主义往往巧妙但不切实际。

另一个巧妙但不切实际的案例是，20世纪80年代以来德国用于园艺展览的大规模种植，这种大规模种植与英国园林关注的层面不同。这些为一次性活动布置的景观，结束后会留下高质量的种植

景观作为永久的公共用途。设计师们试图营造出自然式的花园，但他们甚至没有企图去模仿自然，仅仅是将植物按照自然分类的方式进行组团，使其看上去很自然，并期待游览者也信以为真。但是归根结底，用哪些品种组团，以及数量和组合方式上的考量，都是从美学效果出发的。后来被称作乡村园艺的创造者也取得了同样的效果，但路线却完全不同。玛格丽·菲施（Margery Fish，1888—1969年）以及她的追随者们的目标并不是要创造自然式花园或"伪自然式"花园。他们的目标是另一种不切实际，他们试图创造出朴实的农舍（乡村劳动者以及其家人）所种植的景象。以上两种方式都创造出一种外观质朴、极受欢迎的植物组合，但此类自发式群落表象大于实质。

事实就是，尽管人们热爱自然，但并不想自然在花园、公园或城市空间中恣意妄为。于是，20世纪从不同文化中孕育出的种植设计，以程式化的自然这一最实际的方式调和了这对矛盾。

1.2.3 静态或动态的种植——对自发性管理的改变

由具有生命力的植物组合而成的花园，随着岁月变迁也在不断变化。传统意义中的花园倾向于静态——各种植物被修剪成各种形态，让人联想到庄园别墅四周的石墙。种下的大树可以陪伴好几代人，花坛里短暂的一年生或球根植物则只出现几个月。因此，绝大多数花园都包含两个极端：几乎永久性的树木和短暂的季节性花卉，且两者都需要大量维护。通过使用灌木和多年生植物，20世纪的花园减少了烦琐的管理，因此大大降低了维护成本。这些花园可以好几年不用打理，经过一次修剪、除草、分株，或更新一些植物，几年内都不再需要费心维护。这些花园往往更注重功能性而缺乏生机，灌木丛看上去有些松散，丛生的多年生植物不断扩张。

日换星移，以多年生植物为主的景观也开始老化，主要体现在两个方面：有些物种销声匿迹了，有些物种通过攀爬或自播繁衍不断扩散。低技术含量的维护往往仅做些除草工作，并不能真正解决这两个问题。此外，许多扩张是悄悄进行的，园主稍不留意，花园中的加拿大一枝黄花（*Solidago canadensis*）和杂交银莲花（*Anemone × hybrida*）就会霸占园子，结果是多样性消失不见。后面我们会再讲到植物的扩张、自生繁衍和死亡。

多年生植物，大多是灌木，都有自己的生命周期，可在花园里实现自我更新和自生繁殖。20世纪早期，人们都小心翼翼地来应对这种生命机制。现在由于对植物学有了更深入的了解，园艺师和设计师们能更好地应对这类情况，而不像园艺前辈一样，将其视为"无序"而满怀排斥。尽管如此，仍然存在着一个难以解决的问题，随着时间的推移某些品种会流失，继而丧失视觉上的多样性。

多少物种会消失取决于最初种植的植物。20世纪早期，多年生植物的选择常常是生命周期短或柔弱的品种。20世纪后半叶，则被更强健、自然生命周期更长的物种所取代，而且这些物种杂交强度较低。奥多夫的霍美洛花园中，早期种植区中的很多植物是20~25年前种下的，至今几乎没有补植过。

多年生植物能保持多久呢？维护时需要做什么？有两种管理方式可供参考：一种是低调被动的方式，一种是积极主动的方式，这与植物的自然动态特性密切相关。低调被动式包括以下内容：

- 除草；
- 去掉自播繁衍能力最强的物种；
- 每年修剪枯死的植物残留；
- 使优势物种保持在恰当的比例内。

即使是精心设计的多年生植物群落，也会面临多样性降低的情况，最强健及自播繁衍能力最强的

（左图）物种多样性随着时间的推移会被削弱的观点并不完全正确。有时候，可能会出现既美丽又不具侵略性的野生物种，可将其种植在边缘地带。其中一个例子便是早春开花的草甸碎米荠（Cardamine pratensis，图中前景），它们非常喜欢湿润的土壤。

（右图）直立生长的莱特林毛蕊花（Verbascum leichtlinii）来自于庞大的玄参科（Scrophulariaceae），其中许多物种要么是两年生，要么是生命周期很短的多年生植物。它们的繁衍模式是借助风把花头中的大量种子吹散到各处。图为六月初的霍美洛，它们盛开在马其顿川续断（Knautia macedonica，前景中深红色的花，生命周期较短）旁。修剪的欧洲红豆杉树篱和这些自播繁衍的植物相结合，表现出一种极具创意的视觉冲击力。

物种将成为最终的赢家。每年修剪后的植物残留可作为覆盖物，也可直接运走，作为堆肥的覆盖物可实现营养的循环利用。但即使运走植物废料导致营养流失，那些持久且强健的物种在多数土壤上仍能保持多年的良好长势，它们对营养物质的"胃口"并不大。

　　积极主动式的管理需要了解植物由生到死的自然过程，换个词来说，即生态过程。谢菲尔德大学景观系的教授詹姆斯·希契莫夫和奈杰尔·邓尼特

将其称作"动态种植"，变化和自然生长被完全接纳。然而，这并不意味着完全放弃照管植物。动态种植包含着控制和调整群落的自然进程，将其引向保持或增强景观效果的方向。后面我们会对此详细说明。动态种植的关键在于了解多年生植物生命发展进程的多样性。

　　但即便是最娴熟的管理人员，也不得不面对修补重建的问题。因为植物与环境间的复杂互动，以及人们对植物生长的主观判断，所以很难预测问题

荷兰霍美洛的奥多夫的花园里，一处新生草甸中，几种多年生植物和野生植物生长在一起，有野生洋甘菊（前景中的白花）、黄花茴藿香（*Agastache nepetoides*，左侧）、'小卡洛'心叶紫菀（中间）、'维奥莱塔'美国紫菀（*Aster novae-angliae* 'Violetta'，右侧），以及前景中粉红色的'巨型雨伞'紫花泽兰。

林荫道是布置景观植物的传统方式。图中是鹿特丹的韦斯特凯德（Westerkade）的一段道路，观赏草和多年生植物构成的晚秋花境看起来有些凌乱，行道树则成为花境的有效背景。

爆发的时刻。如果对景观效果的期望和要求很高，那10年左右会是一个转折点。接下来怎么办呢？修补群落仍然受到许多人的青睐，但重建成最初的样子其实是一种退步。在种植后（为了便于讨论，权且假设是10年之后），我们将面临下述情况：

- 哪些物种有问题将变得显而易见；
- 市场上出现新品种或变种；
- 种植设计理念将会更新。

原样复原的重建肯定不合时宜，而且也没必要，创新或许更为恰当。新品种和新理念将被纳入考虑范围，新旧品种并存，整个种植景观反映出时间的流逝。

1.3 种植环境

1.3.1 人与设计环境

种植设计必须取悦人心，正如之前所说，人类也是生态系统的一部分。许多人指出，自然环境只有被人喜爱时才会受到重视。满足可持续性和多样性的功能性景观，如果缺少支持者，也是不可能长久的。在如此拥挤的星球上，缺乏保护者的景观一旦受到其他土地使用者的威胁，就只能自生自灭了。

园艺师和设计师的角色定位明确，而且比以往任何时候都更重要，他们的设计除了要满足一些功能目标外，还要好看。设计师们除了要广泛使用植物组合实现生态功能，用心打造视觉美感也变得愈发重要。

干净利落又风格鲜明的景观体验是非常重要的，尽管这是很主观的解读。种植在写字楼或纪念馆周边的植物，即使偶有季节性的凌乱也是不被接受的。如果没有人力维护，在大面积的混合种植中，需要选择一些凋谢后不起眼的物种，从而确保整体景观结构不走样。在非正式的场地环境中，姿态张扬的植物有更大的生存空间。这点很重要，因为那些最受欢迎、最易繁殖、适应性最强的植物，往往花朵凋谢后看起来有些碍眼。这类植物在整个植物配置里，最多占据30%的份额。当然在某些特殊场地上，由于它们长势很好，花期也长，设计师们会多用一些。这类植物中天竺葵属植物尤为出众，不仅寿命长，而且很适合作为地被植物，在低维护场地中被大量使用。此外，再点缀一些结构独特或花期不同（常是较晚）的物种，能将一个扁平

（033~035页）鲜艳的色彩很受欢迎，并且可以与自然式或功能性的种植完全兼容。图中是七月份的'紫花长矛'落新妇（*Astilbe chinensis* var. *tacquetii* 'Purpurlanze'），这是一种强壮且寿命长的多年生植物，尤其适用于植草沟或其他可持续的排水系统中。冬季时，凋零的花序也极具观赏价值。

伦敦的当代艺术画廊——蛇形画廊，在其庭院中展示了奥多夫的作品（2011年）。其中使用的绝大多数植物品种并不适合长期呈现，但仅作为夏日花园是完全可行的。作为一个展示花园，其种植密度要高于那些永久性的花园，因此视觉效果也比真实的花园强烈很多（展示型花园设计师对此十分熟悉）。这种设计在展示场馆非常有效，因为观众能零距离地欣赏植物。

临时性的种植并非一定要使用花哨的一年生植物。2010年的威尼斯双年展上，奥多夫的作品便是一个稀有的特例，他使用了芒颖大麦草（*Hordeum jubatum*，一种野生大麦）和大丽花的组合，令人不禁想起荒原上自发生长出来的植物群落，十分有趣。

单一的植物群落点亮。或者在部分地段不露声色地种植这类植物，比如种植在开花时既能观赏到又不至于抢占主角风头的位置。在小型场地中，对这类植物的充分养护能实现较高的景观品质，尤其在私家花园中，精细化的季节性管理能创造出更多的可能性。

1.3.2 掌控自然？——规则式和大规模种植

规则式种植被广泛视为传统形式，往往采用几何形状或将植物修剪成非自然形态。当代设计手法却能创造出更多的可能性。如今，新颖的形式（如非对称修剪的木本植物或组团种植的观赏草）比传统的对称式更适合大规模的场地。大面积或需要壮观效果的场地中，可通过单一种植形式实现简

约的景观效果。传统树种如欧洲红豆杉、山毛榉被改造成现代主义的几何形状后，焕发出新的生机。观赏草由于观赏期相对较长、适应性强、寿命长（对于大多数物种而言）、形态简单，成为一种优质植物材料。此外，相对于需要修剪的木本植物，观赏草对维护的需求很低。但其缺点也显而易见，就是不能一年四季都保持同一形态。

像这样的大规模种植都有一个显著特点，即与高度复杂的多年生植物群落形成鲜明对比，为某些环境提供视觉上的结构或骨架。此处有必要提到英国工艺美术园林风格的全球性成功，其本质上便是在秩序与无序之间寻找平衡。当代的园艺师和设计师们或许可以用观赏草丛提供规则的结构部分，不再依赖传统的需要修剪的木本植物。

这是位于荷兰的'流畅'天蓝麦氏草（*Molinia caerulea* 'Dauerstrahl'）种植块，'流畅'天蓝麦氏草是一种遍及北欧的酸性土壤植物。基于常规种植原则使用景观功能植物被视为一种创新，就像人们过去曾用本地树木来做绿篱。这类简洁、宁静又有序的种植很适合生机勃勃的多年生花园的边缘，如同大餐之后爽口的冰沙。

在写字楼或纪念馆周边的景观中，简单的木本植物与观赏草的种植块或许就足以营造出宁静、克制和有序的氛围。但在普通大众看来，这些词可能会引起负面的感受，因为许多人期待植物能带给他们生机、活力和色彩。大型公园中其实难以通过丰富的颜色及物种，创作出令人一见倾心的作品，换句话说，很少有充足的资金用于实现这种效果。随机混合种植的创造者们宣称，他们的混合种植可采用整片维护的模式，即割草，对所有植物进行一次性的修整。在某些气候地区，这是可行的，但是对于需要长期维护的植物，这个理念过于新颖了。如果可以将维护费用维持在足够低的水平，那么这些种植设计将真正成为大规模场地的一个选择。

1.3.3 "放养"自然——自然风的种植设计

无论是自主设计还是委托设计的花园，主人都期待植物看上去利落又有序，将奔放的自然驯服得符合人类的审美，这种潮流占据了大半部的园艺史。然而，当下的设计趋势与之相反，人们期待在城市或郊区的环境中，创作出自然本身的感觉，我和奥多夫都自认处于这一潮流之中。但我们都知道，这并不意味着把主导权交给自然。当人们说想要自然风格时，他们心中浮现的是某种特定的自然景象，看上去很美，但完全是从人类视角来设想的。多使用乡土植物很重要，生物多样性也很重要，但不能有蚊子和蛇！换句话说，就是精简版的自然。但我们一定不要太愤世嫉俗，不久之前，人们对于"城市自然"的观点还嗤之以鼻，绝大秋日绚丽的色彩为简约的景观增添了几分魅力。此处，火炬树鲜艳的红色极其吸睛，可通过修剪来保持形态。火炬树周围是'卡尔福斯特'拂子茅（Calamagrostis 'Karl Foerster'），这是一种及其符合极简主义和"新形式"种植设计的观赏草，其生命周期长（从初夏到冬末），并且不受风雨影响，始终保持直立的姿态。

（左图）霍美洛花园里一处略高的地方，生长着大丛的'马来帕图'芒（*Miscanthus sinensis* 'Malepartus'），十分惹眼。透过'透明'天蓝麦氏草（*Molinia* 'Transparent'）迷雾般的种穗，便能看到它们。芒草是整个花园的中心，花园因它而成为一体。此外，花园里还有两块各具特点的地块，但边缘均以稀疏的多年生植物为界，而芒草也正好位于两者之间。

（右图）从夏末开始，高线公园便进入到处都是各种毛茸茸的种穗的季节，整个公园变得如原野一般。毗邻凌乱的都市丛林，任何整齐的事物在此处都会显得格格不入。图中那抹橘红色的植物是铜红鸢尾（*Iris fulva*）。

多数人认为自然与城市二者是不相容的。因此，园艺师和设计师们的任务是创造一种"增强的自然"（Enhanced Nature，该词由詹姆斯·希契莫夫和奈杰尔·邓尼特提出)，指能够支持一定程度的生物多样性，并且看上去有点野生状态的自然。那么如何实现这一目标呢？

● 采用常见的乡土物种，即使某些是商业化的栽培品种。

● 采用比目前常规种植更为密集和丰富的混合模式，尤其是分层式种植，开阔的场地主要被草与多年生植物覆盖，林下主要种植混合不同物种的组合植被。

● 针对不同场地使用标志性物种，如广阔空地用草，林地下用蕨类和常绿的地被植物。注意，乡土植物在这里不是必需的。

● 植物组合要能引发对野生栖息地的联想，如水体边缘有茂盛的芦苇和水草丛，林地与开放空地的交叉地带，生长着小灌木丛和攀援植物。

● 允许部分植物自发生长和自播繁衍，但要处于可控范围内。

● 打造一个自然或半自然的背景，使人感觉人工栽种的植物与自然植被间是无缝衔接的。

人们对于野生植物群落和自然本身仅有极其有限的了解和经验。在公共场地中，上述措施都试图作用于人们的潜意识，说服他们将这样的种植设计视为"自然"的，这些植物能激发人们联想到郊野公园、自然保护区、国家森林公园，或城市郊区等更接近自然的地方。纽约高线公园便是一个很好的例子。目前世界上最古老的、绵延最广的公园群位于荷兰的阿姆斯特尔芬公园，可追溯到20世纪30年代，那里几乎全是乡土植物，但经过精心的管理，看上去非常利落。

对于私家园主来说，他们只要说服家人就可以了，最难的工作大概是让他们相信自己已经种植建造了一片自然缩影。对于园艺师或其他了解自然及野生植物的人，就很难瞒过他们的眼睛了。成功的园主是因为他们常将乡土植物与园艺品种混种在一起，并懂得在多大程度上可以任其自然发展。

1.3.4 标签式种植——树立识别度

"标签"在艺术领域非常重要，因为它带有艺术家和创作者的独特印记。好的园艺设计师已经发展出了极具识别度的特有风格，因此了解的人即使空降到一个不曾去过的花园，也能识别出是谁的作品。花园对参观者来说，也有自己的标签，比如某些独有的特色，或散布在整个园区里的某种主题植物。

风格独特的花园建造完成后，私家园主便可以安逸地坐下来，心满意足地看着仰慕者络绎不绝地来欣赏拍照。但对设计师来说，为特定花园成功创作的标签，很难再复制到别处。另一个问题是，其他人会竞相模仿，通常是不成功的，而且把设计师的创意变成了陈词滥调。

标签式种植是指依照场地特点赋予花园或景观独特的个性，从而产生令人印象深刻的记忆点。这对公共景观设计师来说显然非常重要，当然也是家庭园艺师努力的方向。某一种植物如果在花园的各个角落都有其身影，便能清晰地彰显出花园的特色，在参观者心中留下印象。我有一个空茎泽兰（ *Eupatorium fistulosum* ）的高瘦变种，株高3~4米。从夏末到冬天，来参观的游客不可避免地会谈起它，甚至美国的游客也会特别注意到它（这是一种美国本土植物）。这些年来，它已经成为我花园中被谈论最多的植物，而且我相信也是最令人印象深刻的植物。

标签式种植可通过以下几个方面实现：

● 历史因素。某些植物可能与某个特定的地方或某一时期有关，又或者仅仅是园中古老的"原住民"，比如传统树篱或绿雕等木本植物。在远东地区，则是如山麦冬属（ *Liriope* ）和沿阶草属（ *Ophiopogon* ）一类的草本植物。这些传统（甚至过时的）物种的闪亮登场，可能创造出极佳的效果；

● 乡土植物。使用某些乡土植物或植物群落，彰显该地区的自然特色；

● 生态适宜。大量使用在本土生态环境中蓬勃生长的植物，如生长在贫瘠的酸性土壤中的天蓝麦氏草（ *Molinia caerulea* ）和生长在极端的大陆性气候中的异鳞鼠尾粟。

● 勇于创新。新物种或已知物种的创造性使用。2010年的切尔西园艺展上，英国著名设计师汤姆·斯图尔特-史密斯（ Tom Stuart-Smith ）使用了一种伞形科的新物种空棱芹（ *Cenolophium denudatum* ），吸引了所有人的目光。这并不是因为它与花园中常用的同科植物有多大差异，而是创作者极其自信的广泛使用使其遍及整个展区，因此完美地成为一种标签式的植物。

下面要谈一谈皮特·奥多夫的项目中，那些被园艺界及景观界公认的具有极强个性化的标志，以及我眼中的标签式设计。

（1）贝利庭院 Bury Court, 英国汉普郡，1996年

这块极具风格的草坪原本使用了发草（ *Deschampsia cespitosa* ），并有少量的多年生植物点缀其间。当时这一设计得到广泛的认可，并有好几位设计师效仿，但基本上都不成功。出现的一个问题是，在肥沃的土壤上这些植物还未成熟便死了，另一些则极易感染真菌，导致大面积的顶梢枯死。现在用天蓝麦氏草的栽培品种替换了发草，这也是一种不需要肥沃土壤的植物，而且能适应更广泛的土壤条件。这种做法对设计产生了一定影响，也改变了维护方式。现在它变成可复制的了，在不同的气候地区，可以选择

（044~045页）皮特对草矩阵的使用，始于贝利庭院的发草属（*Deschapsia*）草坪，如今已是广为人知的特色，最近一次使用是在霍美洛之前的苗圃里，他翻新了此处的植物。通过种植和播种两种方式混合植物，而且每年植物组合都不一样。高高的禾本科植物'卡尔福斯特'拂子茅和深红色的堆心菊变种几乎是常客，但许多别的生命周期较短的植物就不确定了，如复色的多穗马鞭草（*Verbena hastata*）和荷兰本土的滨菊（*Leucanthemum vulgare*），它们是否能继续在此存活下去，要看自播繁衍的情况。

英国皇家植物协会的威斯利花园里，多年生植物交织在一起，形成了双重边界，十分吸引人，不论是近看还是远观都非常有趣。盛夏至夏末，滨藜叶分药花（*Perovskia atriplicifolia*，上图）最惹人注目，与粉色的'粉色希斯基尤'山桃草（*Gaura lindheimeri*'Siskiyou Pink'）以及'亚马逊'块根糙苏（*Phlomis tuberosa*'Amazone'）形成鲜明对比。另一侧花带上（下图），灰白色的丝兰叶刺芹（*Eryngium yuccifolium*）与深红色的'红宝石矮人'秋花堆心菊（*Helenium*'Rubinzwerg'）、松果菊（*Echinacea purpurea*）互相映衬。此外还有一些荷兰葱（*Allium hollandicum*）留下的残花。

不同种类的草，来达到同样的效果。

结论：某个标签特点在理论上或许可行，但需要进行调整来应对长期的需求。

（2）皇家园艺协会花园

Royal Horticultural Society Garden，英国威斯利，2001年

33块同样面积的多年生植物和草的混合种植块，排列在笔直的绿草步行道两侧。图纸看着有些呆板，但实际效果却充满生机。这个案例很好地展现了设计理念是整个方案的基础，关于这点很少有人能真正明白。

结论：某些标签特点有时是不明显的，需要来自潜意识的觉知。

（3）幻梦花园 Dream Park，瑞典恩雪平，1996年和2003年

"鼠尾草花海"是由3种源自欧洲的紫色鼠尾草组成。公众非常喜欢这片花海，而且花海十分上镜，总是让人忍不住发出赞叹。这种简单却又震撼的效果很难复制，但皮特在芝加哥卢瑞花园中再次成功实现。他说："我很少重复自己，这是其中的一次，或许同这个理念下构造的景观形状和品质有关，必须从周边的摩天楼来欣赏。"目前还没有人试过用其他品种来代替鼠尾草，因为中低高度的多年生植物开花后结构会散掉（鼠尾草开花后虽有些平淡，但可以通过修剪促进再次开花）。

结论：吸睛的特点总有被模仿的可能，但仍然值得尝试。

（4）科克郡花园 County Cork Garden，爱尔兰，2006年

巨针茅是一种高大又舒展的草，但看上去又很透明轻盈。20世纪80年代到90年代早期，皮特在设计中开始使用它，但当大家都开始使用时，他又开始另寻新宠。然而在这个北纬51度的地方，巨针茅营造出了十分壮观的效果。清早或傍晚时，阳光照射到叶子上，呈现一片梦幻的景象。

结论："陈词滥调"也可以写出新篇章。

（5）奥多夫花园 Oudolf Garden，荷兰霍美洛1982年起

在皮特和安雅的花园中，主园区后面便是标志性的欧洲红豆杉组成的多重帘幕。然而，迫于洪水导致的疫霉菌和顶梢枯死等问题，不得不在2011年将其清除，并投喂给了木材粉碎机。皮特平淡地接受了，即使不出现这样的问题，它们也将面临过时的风险。

结论：标签有时需要反标签来催变。

（6）高线公园 The High Line，美国纽约，2009年起

或许正是高线公园里的草，才让高线公园（场地本是废弃的铁道）备受青睐。事实上，这些草只是丰富的植物配置中的一部分，设计意图是要模仿原有的自生植物群落。毫无疑问，这些草使得高线公园成为皮特迄今为止的作品中最具自然风格的一个，也为高线增添了十足的魅力。高线之所以如此为全民所爱，其部分原因大概是成功地将自然引入城市，而草在其中起了关键作用。

结论：只要能打动大众，标签式的植物对营造氛围极有助益。

（7）斯坎普顿长廊 Scampston Hall，英国约克郡1999年

约克郡地处英格兰较干燥的地区，有着寒冷的冬天和贫瘠的土壤，因此这里绝大多数都是生长缓慢的植物。正如贝斯·查托（Beth Chatto）在艾塞克斯的设计一样，用植物来匹配生境。植物斑斓的色彩及其丰富的质感，使它们随风起舞时令人陶醉。采用简约的现代主义形式手法打造的天蓝麦氏草海浪，是园区的另一个趣味点。

结论：贫瘠的土壤和并不完美的生境，可通用积极的种植设计来改善，从而也为场地树立起独特的标签。

（048~049页）斯坎普顿长廊位于英格兰东北部，'波尔·彼得森'天蓝麦氏草（*Molinia caerulea*'Poul Petersen'）草丛带设计于1999年，至今仍保持了鲜明的设计特色，充分展现出观赏草作为当代规则结构设计材料的潜力。

欧洲红豆杉（*Taxus baccata*）树篱（上图）是荷兰霍美洛的奥多夫花园中最知名的特色之一。传统的材料和手法、非对称式的修剪以及现代主义的格调，使其成为当之无愧的当代花园设计符号。把它们移走之后（下图），混合树篱围合了整个花园，包括修剪过的不是非常规整的传统农场树篱（左侧），和位于后方的规整的榉木树篱（图中仅隐约可见）。

左图为芝加哥卢瑞花园里连绵起伏的鼠尾草花海中的一小片，初夏多个品种的鼠尾草交汇在一起，十分壮观，其中有'五月的夜''蓝山''吕根岛'森林鼠尾草（*Salvia×sylvestris*'Mainacht'、'Blauhugel'、'Rugen'）和'维苏威'林荫鼠尾草（*S. nemorosa*'Wesuwe'）。其中的观赏草主要是异鳞鼠尾粟。

（052~053页）相比其他的观赏草，巨针茅需要种在合适的位置才方便人们全方位地欣赏。实践证明，在较高海拔的地区巨针茅生长良好，侧光和逆光也可以更有效地利用。图中这座花园位于爱尔兰西部。左边深蓝色的花是'蓝之悦'藿香（*Agastache*'Blue Fortune'）。

1.3.5 由近至远——复杂性和规模

混合式种植风格可以打造出极具复杂性和多样性的景观。但观者能否轻易读懂呢？那些看上去杂乱无章的景象是否隐藏着潜在的危险？解决这些问题很大程度上要依赖植物种类的选择。不能只注重观赏性的植物，如果仅注重花朵颜色，花谢后整株植物会逐渐枯萎直至与周围融为一体，因此结构性的植物是必须的。但更根本的问题是，观众在不同尺度规模的场地会有不同的感受。因此，在此需要强调随机的复杂性和设计过的复杂性之间的差异。

在大规模的场地中，会有"只见森林不见树木"的现象，即将整个混合种植视为成片的植物群落，而并非一株株单独的植物，大家注意到的是成组的图案。原本高度复杂的混合在此融汇成一个超越各部分之和的整体。在这个整体中，单株植株没那么重要，通过随机配置的方式便可以实现不错的效果。如果这种随机混合种植模式能经受住时间的考验，那么它在大规模的场地中具有广阔的应用前景。

在较小的私密空间里，随机混合模式就会失效。随着规模的缩减，有限的核心观赏区将变得更加突出，明确哪些植物将会占据这些区域十分重要，而不能靠碰运气。不同植物品种的组合或混合同样可行，但需要更精确的种植定位。一旦考虑单株植物的位置，越小的种植区，越需要精准的定位。在这个层面上，植物的层次也变得比在大场地中更加重要。如果设计中包含了不同高度、不同形态的植物，如直立的、丛生的、贴地的或者攀援的，便可在很大的空间范围内创造出丰富的视觉趣味。

我们观看的视点位置与植物的距离决定了我们如何认知场地的规模。你从空中看到过草原上的一朵花吗？没有。在高空中俯视时，花朵与绿草融合在一起，我们只能看到一片绿色。在花园里，在一定距离之外观察某些植物时，它们会趋于消失，这不仅仅在于植株大小，还因为没有耀眼的颜色及形态。如果植物组团聚集在一起时，隔很远也能脱颖而出。当然，也有单株植物便足够引人注目的特例。

1.4 种植与可持续性发展

可持续性的理念虽然重要，但已被用得泛滥成灾，一方面由于其被过度政治化，另一方面它已成为老生常谈的话题。大家普遍认同可持续性意味着减少不可再生资源的消耗，以及有害物质的产生。正如其他许多事物一样，最好从不同层面来看待它。消极的可持续性可理解为不会导致污染，带来二氧化碳排放或资源过度使用等方面。

积极的可持续性则是除了把对大环境的影响降至最低外，同时还可以通过如序言中所讲的方式：绿色屋顶、雨水花园、生态过滤等措施来主动地管理和改善环境。这些领域都非常专业，但本书中所提到的丰富的草本植物，可以有效地实现可持续性的目标。园

艺师和设计师在这种积极系统中主要担任提升美学价值的任务。从植物生理学专业的角度来看，我们拥有许多具有实际功能的植物品种。然而，把所有植物的选择权都交由技术人员，则很少能创造出令人满意的美学效果，因此需要园艺师和设计师根据植物学家提供的植物列表来发挥它们的作用。

1.4.1 生物多样性与自然需求

尽管过去对野生动植物的重视不够，但当下人们已经认识到可以通过种植为自然生态提供部分支持。好消息是要保护生物多样性并不难，事实上，许多设计师甚至在这个概念被提出来之前，已经这

城市里的野趣——这是十月的高线公园，各种各样的种子为鸟类和小型哺乳动物提供了食物。高比例的本土植物有利于那些只吃特定植物的专食性无脊椎动物生存。其中右侧的褐色观赏草是小盼草（*Chasmanthium latifolium*），一种比较耐阴的北美本土植物。

么做了。概览这一领域的研究成果可以发现，其中最重要的一个方面是种植设计为野生动物提供了各种类型的栖息地，比如由乔木、灌木、多年生植物和地被植物组成的复合式群落，以及更关键的是栖息地之间的联系。提升多年生植被的多样性，这是一个很好的开始，但木本植物和地被植物也是不可或缺的。乡土植物有一定的助益，但并不是绝对必需的。

自然因多样性而繁荣，所以我们毫不讶异混合种植模式在支持多样性上具有的巨大潜力，但这并不意味着传统的块状种植就一定有损生物多样性。随着混合种植越来越丰富，生物多样性会大大提升，我们也会有改善这些多样性资源的可能性。

1.4.2 预想未来——气候变化与多样性

我们生活在这样一个时代，气候变化可能造成的影响像雷雨云一样时刻悬在头顶，威胁着我们。园艺界和景观界，以及农业界都不仅致力于应对气候变化，还在试着缓解气候变化。

气候变化常常被错误地描述为"全球变暖"。欧洲东北部国家经过二十多年温暖的冬季之后，得意地种下许多温暖气候区的植物品种，一些园艺师们甚至沉醉于这样的温和气候，认为可以采摘自己种的橄榄和石榴了。在我撰写本书时，我所在的地区刚刚经历过一个严冬，气象专家说气候变化将可能导致更寒冷的冬季。在英国中部的许多花园中，满是冻死的桉属（Eucalyptus）、朱蕉属（Cordyline）和麻兰属（Phormium）的植物。对于气候变化我们能确定的是它有更大的不确定性，会有更极端的天气出现。我们需要适应性更广的植物。

幸运的是，适应性广泛的植物种类丰富，我们已在花园中用过不少。通过从野外引入新种，以及扩大现有栽培品种的基因库，我们可用的植物范围还在扩大。目前我们所依赖的许多植物都是源自单一物种的栽培品种，可能无法代表整个科属的特质。因此我们或许会错过某些不仅在视觉上很突出，而且能应对多种或者极端环境压力的物种。大星芹（Astrantia major）是中欧很常见的一种植物。驱车至奥地利，在路边停车探头去看，就能发现相当多色彩丰富、生机勃勃的可以栽培的品种，只需收集起它们的种子，就可以获得培育新品种的基因材料。西亚木糙苏（Phlomis russeliana）是另一种多年生植物，尽管它是非常实用的素材，只需极低的维护水平，但它几乎没有栽培变种。如果我们想要从野外引入新的基因材料，需要付诸更好的计划和更多的努力，并可能需要去到木糙苏属（Phlomis）的原生地土耳其，以收集更多的品种。我们需要更有效地利用自然广博的多样性，创造出能应对不断变化的气候模式的适应性植物。

增加栽培植物遗传多样性的另一个原因是，多样性能提升植物群落的适应能力，且使群落更具活力，还能通过自播繁衍来自我更新。当下，专业的种植设计都是基于所使用的植物是永久性的假设。家庭园艺师发现播种生命周期短的多年生植物或两年生植物，会对花园的视觉效果产生重要影响。要接受较大型的或公共景观中的动态变化，意味着接受植物的自播繁衍，以及植物演替的自然过程。这种情况在随机混合播种中尤为容易出现。可以自播繁衍的种植设计中会发生基因重组的现象，使得种苗与其父母本的性状会有差异。还有些后代会比父母本更能适应极端的天气，并经过持续的动态变化，植株能逐渐适应新的生存环境，正如自然界中的植物群落一样。但这仅仅是从理论层面上而言，实际上，植株绝大部分特征都会长久地存在，使得任何变化都需要相当长的时间才会显现出来。尽管如此，历经风雨考验的适应过程（偶然完美地印证了达尔文的进化理论），会对生命周期短的或自播繁衍的植物产生实际的影响。

若要应对气候变化，所选择的植物就要具备多种抗性。位于东欧及中亚地区的大草原是一个不错的可供参考的生境类型，那里冬天寒冷夏天干燥，其景观与浅草草甸或蒿类植物繁茂的乡村类似。许多稀树草原或其他耐旱植物的一个特点是具有美丽的银白色叶子，比如此处的西北蒿（*Artemisia pontica*）。图中景色是在初夏时节，黄色的是西格尔大戟（*Euphorbia seguieriana* subsp. *niciciana*），黄绿色叶子的观赏草是秋生薹草，右侧白色花序是小穗臭草（*Melica ciliata*），而长长的银白色穗状植物是金羽草（*Stipa pulcherrima*），但很遗憾这种奇特的景观效果能维持的时间十分短暂。

来自南非鸢尾科（*Iridaceae*）的漏斗鸢尾属（*Dierama*）植物，是达尔文自然选择理论对花园产生影响的好例子。该属植物能适应各种严苛的环境，其原生生境有着干燥的冬季气候，使得它们应对寒冷天气的能力尤为突出，可以在西北欧大西洋沿岸的花园中繁茂生长，热情地挥洒种子。连续的寒冬后，一个植物群落的筛选便显现出来，幸存者一片欣欣向荣之势，被淘汰者（以及它们的基因）则成了堆肥原料。最后，一座花园便由真正耐寒的、且适应性力强的美丽植物组成。

时至今日，大多数种植设计实践都依赖于基因完全相同的植物，即栽培品种。因为它们的稳定表现，园艺师和设计师都对此喜爱有加。但它们也有缺点。在农业上，1968年的美国几乎损失了所有的玉米，此后人们便深刻认识到由于狭窄基因库的局限，克隆品种或是大规模种植栽培变种非常容易造成疾病的传播。此外，许多多年生植物都自然倾向于"远系繁殖"，除非潜在的父母本植物存在基因差异，否则有些栽培品种是无法结实的。即使有些栽培品种结出种子，由于种子都来源于同一栽培品种，其种群基因库也会受限。一个"自然的"多样性种群需要更广泛的基因库，从而保证更强的适应性。漏斗鸢尾属再一次很好地验证了这个理论，当同时栽培若干种不同的漏斗鸢尾属植物时，它们能顺利地杂交，从而形成丰富的基因组合，这时那些能挺过漫长寒冷冬季的植物品种便能被轻易地筛选出来。

1.4.3 资源的使用——可持续性发展的问题

另一个有关可持续性发展的主要问题是关于如何使用资源，尤其是与不可再生资源的消耗相关的一系列复杂议题，包括减少生产能源的资源消耗、降低温室气体的排放、减少因交通或其他耗能行为产生的污染物质等，这些议题与园艺和景观的建设

及维护密切相关。多年生植物种植旨在追求长期的效果，因此并不像传统的季节性地被那样耗费资源。根据一项小规模的测评结果来看，与多年生植物群落的维护相比，持续使用割草机修剪草坪，需要消耗更多的资源及产出更多的二氧化碳。多年生植物的种植可能涉及大量资源的投入，这也是我们密切关注的可持续性发展的主要方面。这类议题需要在实例基础上进行客观的探讨。众所周知，可持续性发展和其他环境问题是政治性的，个人或机构在这些问题上所做的很多决策都是笼罩在情怀和意识形态下。在英国，关于盆栽堆肥中是否使用泥炭的争论，便是个极好的例子。

园艺产业过去一直是资源耗费大户。塑料花盆或其他不可循环材料的花盆、控温设施、人造光源，以及堆肥生产都在大量地吞食资源，而且在生产和运输的过程中也会消耗大量的原材料和能源。最近几年，情况已有显著改善，比如可回收或可降解花盆的出现，用于盆栽或改良土壤的绿色堆肥，以及减少营养物质流失的缓释肥的广泛使用。尽管如此，还有一个值得我们思考的趋势，即新项目中种植植株的规格。大家普遍认可小型植物比大型植物能更快更好地构建出景观。然而，无论私人还是公共花园中，当下许多种植设计采用的盆栽苗要远大于过去常用的规格。此外，这些植物从苗圃到工地，通常需要经过漫长的运输。这两个问题使得商业化植物所耗费的能源激增。比如，一个两升的盆栽是半升盆栽重量的4倍，占据的空间也是4倍；同样大小的盆栽从400公里外的地方运输消耗的汽油是100公里外的地方运输的4倍。

对于多年生植物来说，使用小型植株来造景并不难，它们会生长得很快，但对于木本植物来说就没那么容易了。许多设计师都面临着客户要尽快见到景观效果的压力（做公共景观的比做私家花园的压力更大）。可能引起争议的点在于，许多小型

在高线公园，本土植物是很重要的一部分。图中是纤细的'蓝叶'帚状裂稃草（*Schizachyrium scoparium* 'The Blues'）、垂穗草（*Bouteloua curtipendula*，穗状花序纤细且偏生于一侧）、黄色的香金光菊，以及背景中的纽约斑鸠菊（*Vernonia noveboracensis*）。这些本土植物都生长得很好。

曾经，在秋季修剪多年生植物的日子已一去不复返。许多园艺师和从事植物维护的人员都已熟知，种子是鸟类的食物，还能为无脊椎动物们提供生存空间。在当今工业化的世界中，城市也能成为栖息地的理念已被广泛接受。值得指出的是浓雾中高大的多年生植物，具有梦幻般的戏剧效果，比如图中位于鹿特丹市韦斯特卡德的朝鲜当归（*Angelica gigas*）。

霍美洛的初秋，茂盛的花草交织在一起，如观赏草'透明'天蓝麦氏草、粉色的'巨型雨伞'紫花泽兰、红色花序的'贝利庭院'地榆（Sanguisorba 'Bury Court'）、白色的'白花'抱茎蓼（Persicaria amplexicaulis 'Alba'），以及一枝黄花杂交种（Solidago × luteus 'Lemore'），展现出属于这个季节的独特景观。

初秋时节，本土植物为高线公园营造出一片带有些许野趣的自然景观。火炬树已经换妆，一丛又一丛的线叶泽兰（*Eupatorium hyssopifolium*）沿着道路绽放。'雷顿的最爱'长圆叶紫菀（*Aster oblongifolius* 'Raydon's Favorite'）隐约可见——这种植物命名方式侧面说明了乡土植物新品种不断增长的一种趋势。

景观设计也具有保护稀有植物品种的功能。图中的紫萁（*Osmunda regalis*）生长在一座私家花园中（位于威尔士彭布罗克郡的蕨谷），同周围纤细的植物相比，其视觉"分量"十足，增加了场景的画面感。这种植物在野外十分罕见，但寿命极长，是一种很好的景观植物。

木本植物往往几年内便能长大，这使得它们能更好地适应和利用新环境。同时还要提醒客户，大型植物更贵且有更高的风险，它们易被风吹倒或失水枯死，因此初期的投入会亏损。而小型的植物不仅更具可持续性，而且还是更稳健的投资。

1.4.4 乡土植物与外来植物——一场持续的辩论

针对乡土与外来（引进）植物的角色之争一直持续着，且不幸地趋于两极阵营：一些国家立场坚定地支持用本土植物（如美国），而另一些国家根本不在乎（如日本）。这个问题的关键其实在于花园或景观中的植物的作用，植物是为了协助完善由昆虫、鸟类和动物构成的食物链，从而增加生物多样性。我们需要特别注意那些一直处于植物设计前沿的践行者们的立场。在某些环境中，尤其是在郊区或需要优先保护本土生物多样性的地方，仅使用本土植物是完全恰当的。过去的种植设计会大量或全部使用外来植物，但现在本土植物占据了越来越重要的地位。

坚定的本土主义者，只认可乡土植物，其宣扬的理念并非来自园艺界和景观界，而是引自于其他领域。在环境主义政治世界中，生态一词始终处在任人摆布的危险的位置上，一会儿偏向基于实证的科学，一会儿偏向情感或意识形态。遗憾的是，本土化种植的倡议在某些社群中获得了足够的政治支持，并使其成为景观项目中的强制执行项，因此牺牲了视觉效果和群众认可度。

皮特·奥多夫的两个作品——芝加哥的卢瑞花园和纽约的高线公园——是有效融合多方面需求的典范，并得到了许多业内人士的认可。他挑选的植物，不仅具有功能性，同时也满足了审美需求。在这两个项目中，超过半数的植物属于本土物种。两个项目的甲方都有一个共同的要求，即植被要能反映出该地区的自然风貌。以高线公园为例，作品用

到了之前铁轨上自然生长出来的植物群落。因此，占据一定比重的本土植物是很关键的。至关重要的是，经过筛选的本土植物大都展现出令人欣喜的优良表现。然而时至今日，这些具有园艺和景观价值的物种，大多数时候是被忽视的，这正是问题的关键所在。现在本土植物已备受青睐，但在此前，苗圃行业都只生产和售卖那些易于养护和繁殖的全球化品种。在景观设计领域用到的植物，或许种植地区的气候条件不同，但效果却是一样的——相似的建筑和相似的植被无处不在。因此，本土植物的运用可以为项目打造出独特的个性。

乡土植物与外来植物之争是复杂的，下文我们将对一些观点展开讨论，其中某些观点可能与所在地联系较为密切。

● 问题因地而异，以英格兰和新西兰两个群岛为例。前者的植物资源十分有限，且主要是最后一次冰河时期在海水上升至将大陆淹没之前成功跨海的幸存者。位于食物链底端的植食性无脊椎动物通常为广食者，只有很少物种完全依赖于本土植物。本土的草本植物有占主导地位的趋势，从而大大限制了引入物种的扩张。新西兰的动植物资源同样有限，但由于长期处于孤立的进化过程之中，因此对外来植物的抵抗力极其薄弱，使得许多外来植物能够肆意扩张（也可能由于本土植物中本就缺少生命力强的先锋物种）。

● 乡土植物是一项巨大的亟待开发利用的设计资源。书中此前提到过的全球化的花园和景观植物资源只是凤毛麟角。随意去到一处野外生境，就能看到许多具备装饰性或功能性潜质的植物，但要通过种植栽培来评估它们的视觉和商业潜力，需要投入大量时间和精力。越来越多的园艺师、设计师和苗圃开始意识到这点，于是展开了"家周边"的植物收集。即使如英国这样的物种有限且园艺史很长

此处是位于马萨诸塞州楠塔基特岛（Nantucket Is-land）上的一座花园草甸，生长着本土观赏草异鳞鼠尾粟，还有松果菊。异鳞鼠尾粟已成为推广乡土植物的明星宣传大使。为了实现生物多样性，那些能有效吸引野生动植物的品种，以及形象惹眼、有利于激发人们对乡土植物喜爱的品种，都应当在种植设计中被使用起来。

的国家，仍在不断开发挖掘本土野生植物的潜力，比如药水苏，二十年前它还毫无知名度。

● 乡土植物能突显地区特色。不同文化间有时试图使用"有教化的"植物来显示其优越性。在园艺和景观史上，便有这么一例鲜见的在当时被视为"丑闻"的事件，1945年罗伯特·布雷·马克思（Roberto Burle Marx）在巴西累西腓市的公共广场上种植了乡土植物。如今，时代潮流已转向拥护本土植物和地区特色，以在世界版图上以鲜明的身份占据一席。乡土植物在这方面大有文章可做。

● 关于外来植物具有侵略性潜质的观点是没有事实基础的。什么样的植物算得上入侵性的外来物种，生态学家对此一直争论不休。事实是从其他国家引种来的植物中，仅有极少部分变得肆无忌惮，疯狂扩张。越是教条主义的本土主义者，越喜欢如此抹黑所有外来植物。正如此前所说，苗圃行业确实有责任评估新品种的传播特性。

在本地生态多样化网络中，乡土植物占据着关键地位，但这并不意味着外来植物不具备任何价值。食物链中的大型动物（尤其是鸟类）都依赖于无脊椎动物，主要是各类昆虫。在许多地区，无脊椎动物是绝对专食性的生物，其幼虫仅以某几种植物为食，因此使用外来植物的花园只能为少数幼虫提供食物，从而严重影响生物链。但是，大部分动物其实是广食性的，如吃花蜜的昆虫蜜蜂对物种便没有特殊的喜好，吃浆果的鸟儿也同样如此。在本土植被中引入外来物种，可能反倒给昆虫提供更多的食物选择，比如当本土植物开花较少的季节，让蜜蜂有了更多可采食的植物。

● 在支持生物多样性上，种植设计与植物选择同等重要。来自英国的城市花园的生物多样性（BUGS，Biodiversity in Urban Gardens）的研究指出，最有利于促进生物多样性的因素，并不是使用的植物，而是多样性的栖息地。乔木、灌木、多年生植物、地被植物，以及不同植物层次间的连接也是关键所在。当然，还是要包括植物种类的多样性。

● 从根本上来讲，种植设计应该以人为本。在城市中，无论是私家花园还是公共花园，都是为了给人提供休憩的空间。如果设计无法激发人们的兴趣或给人带来愉悦，就无法获得公众对于这类景观的支持。正如地方政府在公园中打造的那些恣意生长的"野生生境"，最终发现深受其苦，毒蜘蛛和蛇是常客，人们有正当理由拒绝这类地方。自然区域必须是有吸引力的，或在一定程度上受到人们的重视，只有这样政府才可能得到民众的支持。使用外来植物可以为景观带来一些趣味点，这也是使用外来植物的原因之一。对于那些并不通晓园艺的民众来说，种植常见的栽培植物，则能让他们更容易理解此处的种植设计。

● 此外，我们还有大量的空间需要乡土和外来植物去填充。花园、公园，以及写字楼、商场、飞机场和道路周边的区域，这些占据了地球上的很多空间，再加上如今已有的草坪（其实并不需要将草修剪到2厘米高），这样算下来总的种植面积是惊人的。在全球范围内，相当于一个中等规模的欧洲国家。因此，还有大量的空间需要乡土和外来植物去填充。

第 2 章

植物组合

　　植物的组合方式，很大程度上决定了人们将如何观察和欣赏它们。本章我们从学习自然开始，然后考察花园中传统的组合模式，最后分析2000年之后皮特·奥多夫在作品中使用的植物组合系统。

2.1　自然环境

　　当我们欣赏一片自然环境时，心中会留下那一时刻的画面。十年后再回到此处，看到的景色却大不相同。虽然自然环境常给人无限永恒之感，但其实它们处在不断的变化与更替中。生态学已告诉我们，并没有所谓的自然平衡状态，物种始终处在持续的此消彼长之中。许多我们熟知的环境尤为如此，它们并非全然的野生状态，仅是半自然化的，

比如牧场每年都需要修剪，以防止乔木和灌木不断生长；甚至是草原，历史上美洲土著居民曾通过焚烧来养护草原。这类环境本质上是不稳定的，需要持续投入人为养护来维持特定范围的生境。

　　我们先从一个观察实验入手，将牧场（实际上是维护过的草地）或草原，与花园中的多年生植物进行比较，看看它们有哪些不同。

（左图）伦敦伯德菲尔德公园（Potters Fields Park）。

花园	牧场或草原
每平方米通常少于10株植物	每平方米有上百株植物
每平方米通常有1~5种植物	每平方米有50多种植物
单种植物通常组团出现	不同种类的植物常紧密混合在一起
几乎所选的每种植物，都出于对其独特审美效果的考量	主要由优势物种（通常是草或类似草的植物）组成植物群落，其他植物的数量相对较少
裸露的土壤或覆盖的腐殖质是可见的	几乎看不到裸露的土壤

此处要指出的是，牧场或草原需要成片维护，所以要将其当作整体来对待，而且也不可能对每株植株进行单独的养护。然而在传统的花园或景观中，不同的植株个体需要不同的养护方式。从设计角度考虑这些差异，到底隐含了什么意义呢？

● 牧场或草原缺少秩序，植物常常是随机分布的。

● 牧场缺少图形感或结构，但具有细腻、松散的纹理。尽管在一些草原或干旱牧场里生长着一些具有稳定结构的植物。

● 因为不可能单独维护每一株植物，某些牧场草原在花谢后看上去比较杂乱。

● 花园在其有限的区域内只能承载有限的植物，因此要让每个季节都有景可赏比较困难。

● 花园种植犹如一张画布受限的作品，植物能重复种植的空间很小。

显然，牧场或草原景观既有优点，又有缺点。传统意义上，我们并不把牧场视作花园来欣赏，但最近的一些思考已促使许多人开始注意这类地方的视觉美感，也激发了新一代园艺师或设计师重新认识牧场或其他类型草地的绵延开阔之美。

同其他类似的生境相比，牧场或草原通常是某一种植物或某一类植物占据优势地位，一般都是草或类似草一样的植物，但也有大量的其他植物存在，只是数量很少。它们共同构建出一个繁茂多样的群落，但我们大多数时候只注意到那些更具个性的少数元素（如开花的多年生植物或偶尔出现的灌木丛等），而将大面积的草仅仅视作背景。实际上，这类生境十分复杂，多如繁星的植物分散在整个草地上，并高度融合在一起。

再来看看其他自然生境还有哪些植物组合模式。与牧场景观截然不同的情况是一种植物几乎统占全局，比如被藨草（*Phalaris arundinacea*）或宽叶香蒲（*Typha latifolia*）所侵占的沼泽地，看起来就像玉米地或麦田一样单调。介于这两种情形之间，植物会形成各种不同的植物块，并混杂一些规模更小的物种，比如在帚石楠（*Calluna vulgaris*）丛生的荒原上混杂着欧洲越橘（*Vaccinium myrtillus*）。

在纽约高线公园里，'粉色梦想'落新妇（*Astilbe* 'Visions in Pink'）混种在其他植物中。单种植物的重复种植会令人联想到野生生境。

2.2 园林史中的植物组合方式

19世纪的夏日花坛通常呈现出用植物打造的规则的几何形状。19世纪和20世纪之交，此类风格也开始应用在多年生植物上，并发展出一种条带状混合种植的风格，且每段条带有规律地重复。如今，这样设计多年生植物的方式已很少见，但在法国和德国的临时夏季景观中，仍用这种模式来种植一年生植物。

20世纪时，则是同种植物或同种栽培品种的大量个体组团种植的方式占据领先地位，我们将此称作块状种植。英国设计师特鲁德·杰基尔促进了细长版种植块，即种植带的使用，使得人们在一旁漫步时，改变了对植物的观赏角度。巴西设计师罗伯特·布雷·马克思接受过艺术训练，于是在巨大的画布上用植物来"作画"，并将对比极其强烈的种

植块置于其间。受其影响，来自美国的合作伙伴詹姆斯·凡·斯韦登（James van Sweden）和沃夫冈·奥伊默（Wolfgang Oehme），也同样擅长单种植物的种植块。20世纪的大多数时间里，统领风潮的都是这种无可争议又平淡无奇的种植块，无数景观项目采用同样规模的种植块种植多年生植物及小灌木。即使在私家庭院中，只要面积允许，也都是种植块的地盘。

随着自然风格的日益兴起，以更细致的植物组合为目标的两种发展趋势应运而生。一种是随机模式，源自随机播撒种子长出野花草地的自然现象。另一种模式是由德国研究人员理查德·汉森（Richard Hansen）和弗里德里希·斯塔尔（Friedrich Stahl）于20世纪60年代研发出的一套高度结构

化的模式，旨在对自然植物群落进行程式化表示。基于植物结构形态和组群级别，他们总结出5种类型：主题型植物、伴生型植物、独立型植物、地被型植物和散布型植物。

皮特·奥多夫选择植物的标准与汉森和斯塔尔较为相似。他们三位都极力建议在种植中包含70%的结构型植物（在整个生长季几乎都能保持形态的植物）和30%的填充型植物（通常没有固定的形态，大部分用于打造早期景观的色彩）。这被称为汉森和斯塔尔模式，它非常实用，但存在过于模式化的风险。奥多夫设计风格的独特之处在于能够不断优化，其核心便是将项目中的植物品种高度混合。

20世纪末，排斥单一物种种植块的风潮兴起，人们对生态问题日益关注，期待通过种植来实现生物多样性。在英国、荷兰和德国，一种更复杂、更自然的混合各种多年生植物的方式开始建立起来。当我们说要打破常规时，第一个需要打破的便是在一个种植块中同种植物必须组团的方式。

2.3 木本植物

传统种植非常依赖木本植物，毫无疑问它们在景观中有立竿见影的效果，绝大多数的寿命还非常长。当木本植物与多年生植物同时使用时，会不可避免地对树下的生长环境造成影响，仅有耐阴植物可以生长。英国的园艺爱好者们所种植的"混合花境"是一种小尺度的案例，是将灌木和多年生植物（当然还有一年生植物、球根植物和攀援植物等）组合在一起。因为花境规模不大，且依托于背景而存在，所以在这样的案例中通常是灌木在视觉上和生态效应上占据主导地位。规模更大的或视觉上更具创意的灌木、乔木和多年生植物的组合方式，或许能为多年生植物提供更多的展现空间。

不同尺度的场地都可以采用创意造型树篱来达到极佳的效果。与直线式的修剪不同，每株植物都可以有不同的曲线，从而彰显每个个体。在混合型树篱中，这种方式尤其能发挥优势，根据每株植物的规格、枝叶颜色和质感特点进行单独修剪，使其更具个性。修剪后的树篱能更协调地融入花园或更

再生能力					
无 → 弱 → 强 → 极强					
云杉属	栎属	柳属	欧洲榛	小花七叶树	盐肤木属

木本植物的再生能力呈梯度变化，一个极端是从基部削切后根本没有再生能力，另一个极端是即使不修剪，也有很强的萌蘖能力。

大型灌木可通过偶尔的截枝来保持合适的大小。频繁的截枝会刺激植物萌蘖，形成有趣的效果。这一技术可用于我们较熟悉的一些植物，如黄栌（*Cotinus coggygria*）和火炬树，用来限制它们的高度和促进新生更多的个体。而且，新生个体很容易拔出来清理掉，从而将包含各种植物的树林保持在一定范围内。高线公园采用了这种修剪方法，使得公园内的植物与半自然林地边缘生境十分相似，如北美高速路边的环境，因此即使位于两层楼高的土地上，它们也是十分称职的"自然"代言人。

广阔的田园景观中，即树木成为更广阔视野中的一部分。

不同种类的乔木和灌木的再生能力差异很大，这意味着它们的管理方式和设计用途也不同。例如，砍断主干对几乎所有的松柏类树木都是致命的，但绝大多数落叶乔木还能再生，长出许多枝条，这种特征常用于传统林木管理中的矮林作业采伐。许多灌木丛从底部开始更新，当老枝条开始老化枯萎，充满生命力的新枝条就会出现，笔直向上生长直到取代上一代。自然生长的结果是杂乱无形、纠缠不清的一团，通过将枝干修剪到基部，就能诱导新枝条更加分明地直立生长。

有些木本植物与许多多年生植物类似，可以通过地下根再生，比如北美的小花七叶树（*Aesculus parviflora*）便能在根部长出一大丛来。盐肤木属（*Rhus*）的树木因它们超强的萌蘖能力受到了园艺师的嫌弃。通过每年或每两年的修剪，漆树属的植物便能保持相对较小的株型，根蘖生长出的新个体，能营造出一种林地边缘的景观——幼树与多年生植物、地被植物融合在一起。

2.4 种植的层级结构：核心植物、基底植物和散布植物

站在如草甸这类天然植物群落前匆匆一瞥，你很快就会意识到并没有真正看到那些植物。我们的眼睛首先会被色彩鲜艳的花朵吸引，然后是那些结构独特的植物。时间越久，看到的越多：细腻的颜色、有趣的形状、组合方式等。重复关键元素能制造出显著的效果，植物低调的个性能通过大范围的重复彰显出来。谁会注意到田野上的一朵白色雏菊呢？但如果有10万株，那它就是最耀眼的。这个例子能让大家很好地明白种植中"立见成效"的植物——拥有显著而吸引人的元素——的重要性。

初夏或盛夏时仍来观察那片野生草甸，如果忽略掉那些最惹眼的植物，剩下的是什么呢？是那些颜色寡淡的开花植物——常常有着奶白色或浅黄色的花朵，当然还有既没有鲜明色彩也没有独特结构的植物，如草。最后，不可避免的都是各类树叶：一个绿色的、毫不起眼的背景。

再来对比下自然植物群落与人工园林种植，后者通常具有更密集的视觉效果。但到底有多密集呢？它的视觉效果如何分布呢？它们与背景之间有什么关系呢？回望花园设计历史（不包含公园和更广阔的景观），似乎存在着一种从高密度视觉效果到低密度视觉效果的变化趋势，但视野所及也会有不同的层级。现代复刻的维多利亚时期的花坛设计，会让许多欣赏者感到头疼：太多的颜色、太多的焦点，所有的事物都在呼唤关注，结果便是迅速的视觉疲劳感。20世纪初期的多年生花境，也充斥着强烈的色彩和令人咋舌的混合方式。随着时间推移，许多园艺师也开始尝试推广更细腻的植物，如德国的卡尔·福斯特（Karl Foerster，1874—1940年）开始使用蕨类和草，英国艺术家塞德里克·莫里斯（Cedric Morris，1889—1982年）的花园里的"非传统"植物，惊艳了众多参观

者。莫里斯的圈子里有位年轻人贝斯·查特（Beth Chatto，生于1923年），19世纪60年代时她的花园构造惊艳了许多人，她的植物选择也给许多人带去了灵感。选择植物时，她从形态、线条和自然姿态来挑选，如奶白色的星芹属（*Astrantia*）、绿色的大戟属（*Euphorbia*），或大叶片的蓝株草属（*Brunnera*）植物等，而不是从炫丽的颜色。

当代种植品味的改变，很大程度上要归功于如查特这样的先行者们，他们倡导将自然或半自然的生境，如野花草甸、草原或普通的乡村树篱等，作为美丽而有价值的景观元素。受到野花爱好者的影响，园艺师和设计师们越来越接受在由低视觉冲击力的植物构成的基底中，融入高视觉冲击力的植物，这就像野花之于草甸一样，仅占很小的比例，绿草才是实际的优势种。

因此，基于植物视觉冲击力的层级划分很有必要。

核心植物是指最具影响力的植物。在传统种植中，所有植物都可被视作核心植物，尽管它们之中也有清晰的影响等级。例如，传统的英式花境会选择有着强烈色彩或高大结构的植物，并采用低视觉冲击力的植物，如灰绿色的柔毛羽衣草（*Alchemilla mollis*）来映衬。在新式种植风格中，作为明星植物背景板的低调植物，我们将用"基底植物"来命名。

基底植物是指大量一同使用的一种或有限几种植物，其中嵌入视觉效果突出的其他植物个体或小到中型的植物群组。

核心植物和基底植物间的关系就像水果蛋糕，水果必须撒在蛋糕基底上。让核心植物散布在低视觉冲击力组成的基底植物中，从而使设计显得更自然，也少了刻意为之的痕迹。这样的景象会令人联

想到欣赏野生生境——在大面积的低视觉冲击力的植物间，点缀着几丛或几株特别惹眼的植物——的视觉感受。

散布植物通常是随机分散地添加到种植中的植物，它们的作用主要是通过将其分散遍布到整体之中，增加自然性和自发性的感受，形成视觉统一感。

下面，我们将更深入地研究如何在设计中使用这几类植物，以及有哪些植物可用。除非特别说明，否则所有案例都出自皮特·奥多夫之手。

2.4.1 核心植物——组团的运用

多年来，只要是大于私家庭院的场地，种植设计都会采用组团的方式布置植物。少则3株，多至上百株为一组，这类组合的关键在于只使用一种植物或一个品种的单一栽培。这种多年生植物单种组团种植模式有许多优势，但仅适用于大型场地，而不适用于私家庭院。优势一是使管理变得简单，适

合技术能力不足或缺乏管理的地方。优势二是植物叶片的质感能清晰地展现出来，而不会有散布在植被中被淹没的可能。

在公共空间中，组团种植还具有教育意义。毫无疑问，在公园或其他公共景观中，种类丰富的多年生植物能激发人们在自己的庭院中尝试种植的兴趣，尤其在那些很少使用多年生植物的地区。为了引起大众的注意，就需要展示出植物的样貌，而单种组团的形式最容易实现这一目标。植物的颜色和形态一目了然，不需要人们去辨别这朵花生长在哪一根枝条上，或它与地面是怎样的关系等。一株植物的特点——它的习性、形状、枝叶形态、花色等——只有在单种种植时，才会真正地吸引来欣赏的目光。但如果某些植物是瘦高的株型，或伸展的枝条不是那么有吸引力，或许最好还是与其他植物自然地相互交织在一起比较好。植物在花谢后或遭遇病虫害等各种伤害后，可能会呈现凌乱乏味的景象，虽然有损整体效果，但也具有教育意义。组团

图中是1996年8月诺福克的彭斯洛普自然保护区（Pensthorpe Nature Reserve），其景观效果是通过一种植物的多个组团种植实现的。图中红色的是‘红宝石矮人’秋花堆心菊，几株淡粉色的‘红花’抱茎蓼（*Persiciaria amplexicaulis* ‘Rosea’）同样惹人注目。

（076~077页）这是在奥多夫的花园还是苗圃的时候拍摄的。图片清晰地显示了两种形式的结构性种植。一种是修剪成传统几何形状的植物，图中是‘垂枝’柳叶梨（*Pyrus salicifolia* ‘Pendula’）；另一种是散布的‘卡尔福斯特’拂子茅，这种草有着很长的观赏期，可以以多种方式分布在种植中，效果很好。前景中的小树是火炬树，每隔几年需要修剪一次来控制其大小。

紫色的'霍美洛'药水苏（*Stachys officinalis*'Hummelo'）在浅绿色的秋生薹草的陪衬下，显得十分耀眼。秋生薹草在七月的高线公园里成片生长。注意观察图中药水苏的小花丛是如何重复种植的。

种植使植物的特点成为关注的焦点，但也使其缺点展露无遗。

组团种植可用以下几种方式来增加趣味点：

- 采用不同规格的种植块；
- 重复核心组团，形成一定的节奏；
- 采用不同形态的群组，如带状等；
- 大型组团中可以穿插散布重复元素，如单株植物或小型组团；
- 组团可以由两种或更多的植物构成，并以不同的比例组合在一起，还可以增加少许花期更早或更晚的植物品种。

最后一种方式尤为特殊，因为它挑战了单种组团的原则，是小心翼翼迈向混合种植的第一步。

除了特别迷你的庭院外，重复式种植几乎能在所有花园中形成节奏感和整体感，大型场地更需要明显的重复，因此会使用几乎同等大小的群组。没有重复，组团式的种植会缺乏整体感。就像拥有很多植物的品种收藏园一样，或者是英国对外开放的被称为"植物园"的花园，在大面积场地上仅仅呈现了大堆大堆没有关联的植物。如果植物群组是由能长久保持形态，或花期很长，或花谢后依然能有不错外观的植物品种组成，这会是重复式种植的上佳选择。以特伦特姆花园的种植为例，看上去有令人眼花缭乱的120多个品种，但其实许多品种都是近亲，实际上真正有区别的植物只有将近70种。

在特伦特姆的"花园迷宫"中，最常用的植物有11种，它们展现出了被重复使用的价值，维持了很长的观赏季，更重要的是还让人们不再将花朵视为唯一或者最重要的观赏点。

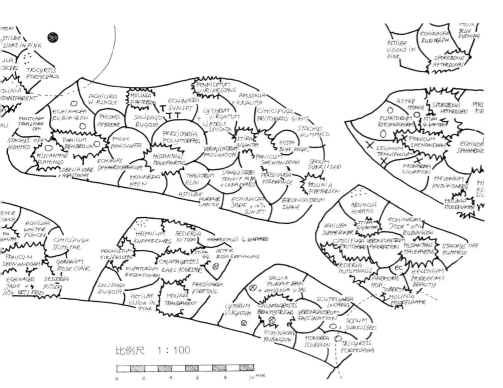

比例尺　1：100

“花园迷宫”位于斯塔福德郡特伦特姆花园（2004~2007年）内。过去这里主要是乡村花园，现在变成了英国中部的主要景点，种植区长120米，宽50米，包含了宽阔的草径和两个中央草坪。这是奥多夫种植风格发展路上很有趣的一个项目，就像他此前的彭斯洛普自然保护区和瑞典恩雪平的幻梦花园等大型项目一样，几乎全部使用同样尺寸的种植块，但也包括了后期项目中慢慢形成的更复杂的层级模式。

正如左边的平面图中所展示的，多年生群组拥有绝对优势，掺杂少量混合植物群组，例如帚枝千屈菜和蛇鞭菊，它们都有着深粉色的细长花穗。散布其间的小型群组没能在图中展示出来，如‘紫烟’蓝花赝靛（ *Baptisia* ‘Purple Smoke’），从五月到十月都能维持非常好的灌木丛结构，以及‘罗马’大星芹（ *Astrantia major* ‘Roma’），粉色的花朵花期很长。

特伦特姆的“花园迷宫”的季节性观赏点

	初夏	盛夏	夏末	初秋	深秋	冬季
‘罗马’大星芹	■			■		
‘紫烟’蓝花赝靛			■	■	■	
‘闪亮鲁宾’松果菊			■	■	■	
‘巨型雨伞’紫花泽兰			■	■		
帚枝千屈菜		■	■	■		
‘透明’天蓝麦氏草				■	■	■
‘火舞’抱茎蓼					■ 或第一次霜降	
‘亚马逊’块根糙苏	■	■	■	■		
亮蓝禾	■	■	■	■	■	■
巨针茅	■	■	■	■	■	
‘魅力’弗吉尼亚腹水草	■	■	■	■	■	

观花

观叶

观结构：种子、茎、草花

图中是位于特伦特姆花园历史景观区的团块植物，此处的黎巴嫩雪松（*Cedrus libani*）可追溯至18世纪及19世纪早期。九月时原本成组的植物有些分散，看上去更有野趣。橘红色的是'红宝石矮人'秋花堆心菊，右侧的草是'透明'天蓝麦氏草，前景中右侧黑色辫状的植物是'魅力'弗吉尼亚腹水草（*Veronicastrum virginicum* 'Fascination'）。

种植块的重复

在如特伦特姆花园一样的大型花园中，采用非常规的重复种植块种植多年生植物，会形成一种律动感，这与在私家庭院里重复单株植物或小群组营造的视觉感受是类似的，因为其背后的原理是一致的。当人们漫步其间，内心会产生一股流畅感，因为反复出现的同种植物会带来熟悉感。这种种植可以是规律性的重复，但在自然式的种植中意义不大，随意分布的效果会更好。随意重复是通过人的潜意识层面产生作用的，当在花园中漫步时，同样的植物无规律地不断出现，刚刚足够在人的潜意识里留下印记。

无论单株植物的重复，还是群组的重复，会随着时间推移产生不同的效果。春天和初夏伊始，任何多年生植物的高度都不足半米，所有植物一目了然，重复性很容易被察觉。如果不想花园看起来散乱，这点需要引起注意。盛夏及此后，植物越长越高，重复性就没那么明显了。如果植物长得过高，

观赏的体验变成穿行其间，而非低头欣赏，人们的视线将被局限在身体周围，体验感也会很不一样。当能看到同种植物，或同种群组时，重复性才具有吸引力。换句话说，人们感受到的不是在空间上出现的重复，而是在同一时刻能看到的重复，这样的重复更容易俘获人心。

2.4.2 核心植物——带状种植

想要避免大量使用种植块而变得单调的风险，备受特鲁德·杰基尔青睐的带状种植是最简便的解决方案。细长的植物带蜿蜒如游蛇，能将不同植物紧密组合在一起。植物带通常能营造出延伸、攀爬及交织的空间，给人以融合一体的感觉。然而更主要的是，带状种植从正面和侧面欣赏时，会有不同的感受，随着观赏者的移动景观也会发生变化。杰基尔的种植带是为20世纪早期受英国景观设计师喜爱的宽阔的长方形花境而设计的。

在特伦特姆，两种天蓝麦氏草用于创造基底，一些多年生植物和小灌木夹杂其间。草占据了主要地位，因此整个景观效果还是很利落的。此处要强调的是，天蓝麦氏草的两个品种（海德堡‘Heidebraut’和伊迪丝·杜兹祖斯‘Edith Dudszus’）均单独组团种植，但是采用了稍复杂的种植带形式。如果两个品种仅仅是简单地混合在一起，由于它们外形非常相似，效果反而会被削弱。但以种植带形式分开种植，各自的特点都能清晰地保留，而且种植带的混合能激发人们联想到天然草原上细腻交织的草丛景观。

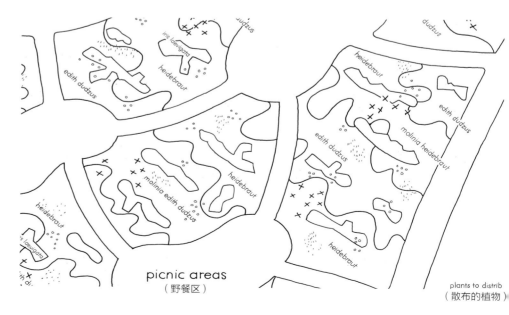

picnic areas
（野餐区）

plants to distrib
（散布的植物）

（左图）九月，在特伦特姆由天蓝麦氏草栽培品种构成的种植带。

（右图）六月上旬特伦特姆的河岸草丛，西伯利亚鸢尾（*Iris sibirica*）盛开在'伊迪丝·杜兹祖斯'天蓝麦氏草和'海德堡'天蓝麦氏草之间。此外还能看到一些黄色的欧洲金莲花（*Trollius europaeus*）和灰粉色的拳参（*Persicaria bistorta*）。这些植物都很耐涝，即使河水上涨也能存活。

在英国皇家园艺协会威利斯花园的长条形种植带中，4~6种植物组合成细窄的花带一直延展开去，观赏者在中间的草径上散步时便能一一欣赏。场地的几何形状被混合后充满生机的植物打破了。此处，深蓝色的'蓝之悦'藿香和白色的丝兰叶刺芹混合在一起，背景中紫色的'魅力'弗吉尼亚腹水草在另一条种植带上也能看见，右侧的灌木是黄栌和它那著名的雾状花。

位于伦敦伯德菲尔德公园（2007年）的
种植详图，此处锯齿形的种植带有效地
营造出简单的混合。

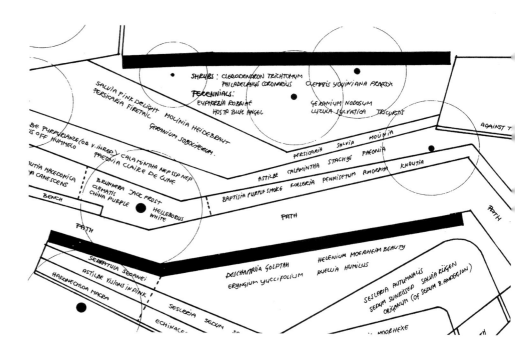

（左图）伦敦伯德菲尔德公园里，由观赏草和多年生植物组成的种植带形成了有序且生动的景
观。前景中是松果菊和荆芥叶新风轮菜（*Calamintha nepeta* subs. *nepeta*）的混合区，背景是
'金穗'发草。

（右图）前景是秋生薹草，后面是红色的'摩尔海姆美人'秋花堆心菊和发草。其他种植带中还包括
很多其他的多年生植物，只是图片中没有显示出来。种植带的使用营造出强烈的动感，尽可能地平衡
着简单易维护与视觉丰富性之间的关系。

种植带设计的一大进展是，在大型种植带中可以使用多达五六种植物的简单组合。2001年在英国皇家园艺协会威斯利花园的双层花境中就广泛使用了这种结构，图纸上每条种植带都是同样大小，且是严格的几何形状。而事实上，种植带边缘的枝叶会伸出边界，使得每段种植都像是有机混合的，且没有高度管理过的痕迹。

对于想要打破传统种植块，而又对更复杂的混合种植感到经验不足的设计师们来说，种植带是很好的折中办法，既能制造出混合种植的假象，又比混合种植本身需要更低的维护。如果有些植物需要在生长季清理或修剪，种植带的形式会更容易获得进入这些植物的通道，也更容易进行补植——例如球根植物，众所周知很难在已存在的多年生植物栽植区内进行补植。或许更为重要的是，通过降低复杂性和相对可预测性，这种方式能简化那些植物知识有限的维护人员的除草和管理工作。

2.4.3 重复植物

重复植物可单独使用，也可成组使用，通常是以规律的间隔重复种植，从而为块植的大片植物增添韵律和变化，打破呆板的形象。从根本上讲，它们要起到构建整体感的作用。不论在私家花园还是在大型公共空间中，某几种观赏期很长的植物的重复，总能带给人一种"这是同一个地方，有统一的设计和统一的目标"的整体感。它们可用来吸引目光，引导游人的路线。

在更小的尺度上，可通过重复种植给某一特定区域以整体感，此类情况更像是为不同区域塑造专属标记，使其有别于花园的其余部分。在鹿特丹吕伐霍夫公园（Leuvehoofd）的平面图上，能看到重复植物的两种运用（详见099~101页）。

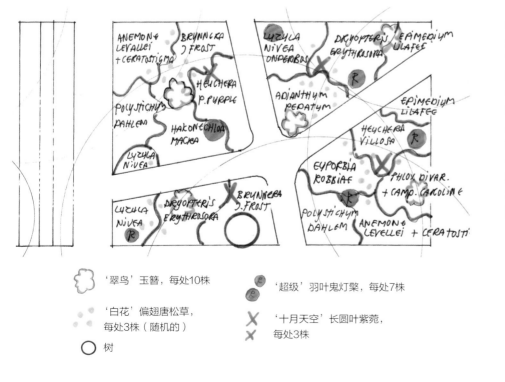

'翠鸟'玉簪，每处10株

'白花'偏翅唐松草，每处3株（随机的）

树

'超级'羽叶鬼灯檠，每处7株

'十月天空'长圆叶紫菀，每处3株

荷兰范·维格花园（2011年）一处荫蔽的区域，铅笔的大弧线代表了树冠。这张图标识了耐阴种植群组及一部分重复穿插其间的植物。下方的图例是重复种植的植物，每个图例对应一种植物，并标识了相应的数量，散布种植的'白花'偏翅唐松草（*Thalictrum delavayi* 'Album'）也在其中。所有的重复植物都呈密实的团状结构，偏翅唐松草是个例外，它高高的花茎和毛茸茸的花朵质感轻盈，因此需要以小型群组的形式重复种植才更有存在感。群组边缘的曲线能使植物更自然地融合在一起。

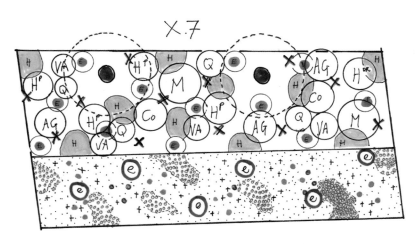

ⓜ	'纸牌'二乔玉兰
ⓒ	日本四照花
Ⓐ	血皮槭
Ⓗᴾ	'苍白'间型金缕梅
Ⓗᴼᴿ	'橘皮'间型金缕梅
Ⓥᴬ	'阿利根尼'拟皱叶荚蒾
Ⓠ	'冰雪女王'栎叶绣球

	'佩利斯蓝'西伯利亚鸢尾
ⓔ	'紫色灌木'紫花泽兰
	'月神'福氏紫菀
	'帕米娜'银莲花
	轮生前胡
	填充植物：'伊迪丝·杜兹祖斯'天蓝麦氏草

委托方：鹿特丹的韦斯特凯德（Westerkade）
比例尺：1：100
日期：2010年01月30日
设计师：皮特·奥多夫，霍美洛

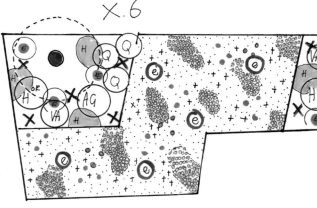

Ⓗ	箱根草
ⓔ	'弗龙莱滕'淫羊藿 X.5, X.6, X.7 '拉菲妮'大花淫羊藿 X.4
✖	'赫伦豪森'多鳞耳蕨

填充植物：'克拉里奇·杜鲁斯'皱叶老鹳草	60%
'布朗尼'柔毛矾根	30%
香车叶草	10%

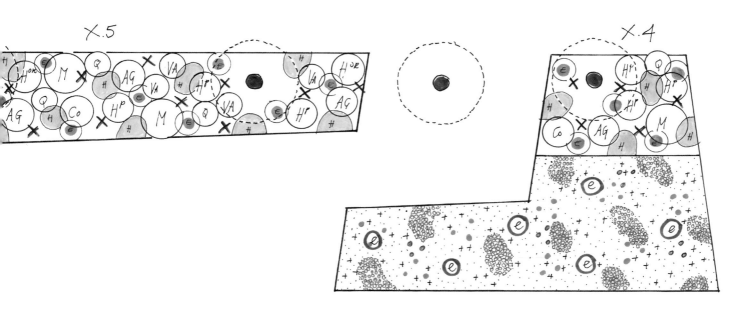

位于鹿特丹马斯河边的码头区域为韦斯特凯德公共景观的种植设计区域，此处不同尺寸的种植群组绵延几百米。有两种种植组合，一种是围绕现有榆树周围种植的小型观赏树和灌木，比如英蒾和绣球，以及用于观叶的多年生植物；另一种是在较开阔的区域，以大片天蓝麦氏草作为基底，再加上少量其他种类的多年生植物。其中，高挑的、自播种的伞形科轮生前胡（*Peucedanum verticillare*）带来不可预知的惊喜和冬日景色。然而，因为没有足够的前胡，所以使用了一些开着深色花朵，株形较小的朝鲜当归。

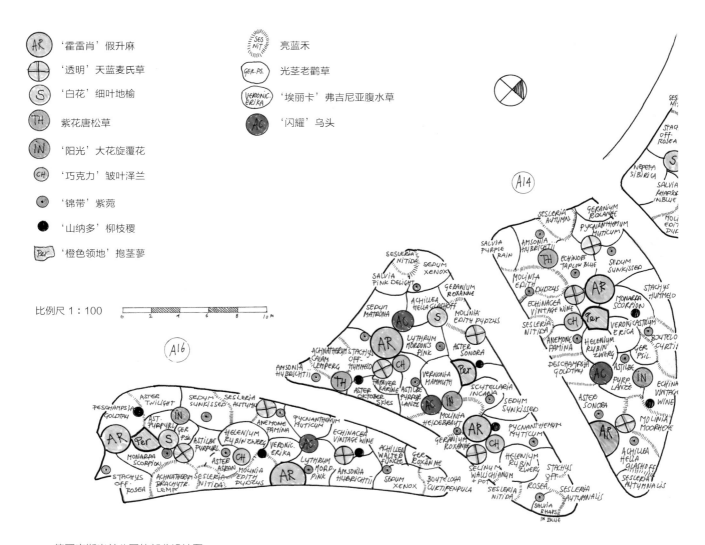

比例尺 1:100

德国麦斯米兰公园的部分设计图。

优秀的重复植物需要具备鲜明的个性和较长的观赏期，或者至少能整齐干净地消失或死亡。结合085页的荷兰范·维格花园（Van Veggel garden）的平面图来看看其中的重复植物：

● '翠鸟'玉簪（*Hosta* 'Halcyon'）——从春到秋都姿态良好；

● '十月天空'长圆叶紫菀（*Aster oblongifolius* 'October Skies'）——整齐的一丛，开花较晚；

● '赫伦豪森'多鳞耳蕨（*Polystichum se-*

tiferum 'Herrenhausen'）——从春到秋都姿态良好；

● '唯森'黄精（*Polygonatum* × *hybridum* 'Weihenstephan'）——春季赏花赏姿态，会较早并整齐地进入休眠状态；

● 台湾油点草（*Tricyrtis formosana*）——开花较晚，开花前不太起眼；

● '粉乐'草地鼠尾草（Salvia pratensis 'Pink Delight'）——赏花赏姿态，花谢后依然利落；

● '白花'偏翅唐松草——开花前后都不太

起眼，但其透明感可与周边群组的硬朗密实形成对比，也会吸引来目光。

在德国的麦斯米兰公园（Maximilianpark），几乎同样大小的群落间，散布着重复出现的植物。选择这些重复植物或者是为了增加色彩和姿态从而延长观赏期，或者是为了增加花期过后以叶为主的观赏点。光茎老鹳草（*Geranium psilostemon*）是个例外，同天竺葵属植物一样，它形态松散，而且开花后显得凌乱，但是晚期会被较高的植物遮挡住。它的价值在于初夏绽放的鲜艳花朵，极其吸引眼球，使种植设计既有整体感又带有独特个性。观察种植平面图中标识的植物，我们会发现重复植物的数量十分有趣。在这个种植设计中用得最多的植物是其他植物的2倍左右，也就是说，某些植物是为了占据视觉焦点而被选用的。其中包括‘透明’天蓝麦氏草和‘山纳多’柳枝稷（*Panicum* ‘Shenandoah’），它们形态独特但又相对低调，以及‘锦带’紫菀（*Aster tartaricus* ‘Jindai’），它花期较晚，色彩明亮，且有紫菀属中少见的直挺又利落的形态。在这些重复种植的植物中，出场率较低的是形态较粗大的植物，如‘橙色领地’抱茎蓼（*Persicaria amplexicaulis* ‘Orange field’）和‘阳光’大花旋覆花（*Inula magnifica* ‘Sonnestrahl’），数量不需要太多，便很有存在感。

重复种植的植物数量如下：

德国麦斯米兰公园的季节性观赏点

	初夏	盛夏	夏末	初秋	深秋	冬季
‘闪耀’乌头		■				
‘霍雷肖’假升麻	■	■			■	■
‘锦带’紫菀				■	■	
‘巧克力’皱叶泽兰	■	■	■	■	■	■
光茎老鹳草	■	■				
‘阳光’大花旋覆花	■	■	■	■	■	■
‘透明’天蓝麦氏草	■	■	■	■	■	
‘山纳多’柳枝稷		■	■	■	■	■
‘橙色领地’抱茎蓼		■	■	■	■	
‘白花’细叶地榆	■	■	■			
紫花唐松草	■	■	■			
‘白花’弗吉尼亚腹水草	■	■	■	■	■	■

观花

观叶

观结构：种子、茎、草花

八月，黄色的香金光菊沿着高线公园反复出现，散布在主要由异鳞鼠尾粟和'山纳多'柳枝稷构成的大片的观赏草中。在美国很多高速路旁或残留的草原上都能见到类似的半自然生境，以草为主角，再点缀各种多年生开花植物。

- 每个圆圈3株'巧克力'皱叶泽兰（*Eupatorium* 'Chocolate'）、光茎老鹳草、'阳光'大花旋覆花、'透明'天蓝麦氏草、'山纳多'柳枝稷、'白花'细叶地榆（*Sanguisorba tenuifolia* 'Alba'）；

- 每个圆圈3~4株'霍雷肖'假升麻（*Aruncus*

'Horatio'）、'橙色领地'抱茎蓼、'白花'弗吉尼亚腹水草（*Veronicastrum virginicum* 'Album'）；

- 每个圆圈7~9株'闪耀'乌头（*Aconitum* 'Spark's Variety'）、'锦带'紫菀、紫花唐松草（*Thalictrum rochebrunianum*）。

2.5 基底种植

基底种植（Matrix Planting）这一概念的出现已有些时日了，但就像种植设计中许多词汇一样，也有段曲折的历史，不同的人对它有不同的理解，导致误解的部分原因可能源自"Matrix"这个词本身的含义。在《美国传统英语字典》（*American Heritage Dictionary of the English Language*）中，"Matrix"意为"一种基质，其他物质会诞生、发展和包含于其中"，我们使用这个词时，需要牢记这一点。前文中我们已经用水果蛋糕做过类比。

基底种植会让人联想到自然生境：少数几种植物组成一片广袤的生物群落，其间点缀种类很多但数量很少的植物。因此，出色的基底植物有着柔和的色彩，且没有出挑的形态，给人以宁静的视觉感觉。基底植物还能有效地填充空间，其部分功能便是作为地被植物而存在（或者至少能遮住表土），因此需要紧密地交织在一起。此外，它们还需始终保持良好的形象，或至少是可接受的利落感，即使过了主要观赏期，仍是英姿犹存，而不是四处瘫倒，看起来非常狼狈。

草显然是极适合用作基底种植的植物，尤其是成丛或者成簇的草（即丛生品种），或者是密实而生长缓慢的类似草的丛生植物。草在绝大多数开阔的温带地区都占据主导地位。研究者及实践者如詹姆斯·希契莫夫和卡西安·施密特（Cassian Schmidt）都推荐在低维护种植设计中采用丛生植物。许多草类植物都有着较长的寿命和稳定的形态，以及"闭合式的营养物质循环"，即老叶子落入土壤腐烂后，变成新植株的养分。草类植物构成的环境具备竞争性，具有抑制杂草生长的理想效果。然而，由于不会像草坪草那样快速蔓延，也不会像缓慢扩散的芒属（Miscanthus）植物和'卡尔'拂子茅那样形成浓密的遮阴，它们不会与多年生开花植物激烈竞争，也就不会有侵占开花植物的风险。因此长远来看，那些寿命长的多年生植物或有着类似生长形式的植物才是稳定的伴生植物。在奥多夫早期的基底型种植中，主要使用发草。在肥沃的土壤中，发草的寿命相对较短但自播能力很强，因此长期发展的结果是，要么消失，要么泛滥，这都是可能的。好的一面是，它确实能与其他种类的植物相处融洽，不会太具侵略性。天蓝麦氏草的品种寿命长且有较好的稳定形态，但许多品种都太过紧密地丛生在一起，彼此之间会有不少裸露的土壤，因此最好与低蔓延性的植物组合使用，如新风轮属（*Calamintha*）的植物。异鳞鼠尾粟则是有着巨大潜力的植物，它像发草一样具有毛茸茸的质感，是非常重要的天然基底植物。它在原生环境干旱草原中能存活数十年，但在较冷的欧洲气候中，生长成形的速度会较慢。

薹草属（*Carex*）植物和其他植物具有巨大的潜力，可以替代草在生态上（成为群落中的自然优势种）和视觉上（叶子狭长）发挥出基底植物的效果。我们对于这些寿命长、常绿、抗逆，且具适应性的植物的使用，似乎才刚开始。具备常绿品质的其他属植物，有适合凉爽湿润气候的地杨梅属（*Luzula*），有适合夏季温暖湿润气候的山麦冬属和沿阶草属，后者在美国东南部、中国东部和日本都被广泛使用。它们的形态从延展的到紧密丛集的都有，因此对于园艺师和景观设计师来说，有着无限的发挥可能。所有这些植物通常都被视作"像草一样"的植物，但需要特别注意，它们只是看起来像，但实际不是。草有着非常不同的生理特征，对光照和营养需求都更大。

位于汉普顿贝利庭院一处简单的片植区域，以天蓝麦氏草作为基底植物，其中点缀着寿命短但能自播的锈点毛地黄（*Digitalis ferruginea*），以及在七月开花的圆头大花葱（*Allium sphaerocephalon*）。

其他有潜力作为基底植物的还有主要用于观叶的簇生植物，如矾根属（*Heuchera*）、杯花属（*Tellima*）、淫羊藿属（*Epimedium*）及林地植物如虎耳草属（*Saxifraga*）。这类植物或其他有着类似半常绿叶子或延展属性的植物，常常是林下植物的主要组成部分。西伯利亚鸢尾可作为基底植物中的次要部分，其花期短，寿命长，且有很好看的种子，带状的叶子像草一样，看上去很整洁。然而，它们浓密且会缓慢腐烂的叶子具有挤压竞争者的能力，这意味着只有那些同样强健的植物才能与之共生，或需要制定特别的维护计划。

最后，某些花期较晚的植物也可作为基底植物里的次要成员。阔叶补血草（*Limonium platyphyllum*）或源自景天属（*Sedum*）八宝景天（*S. spectabile*）和紫景天（*S. telephium*）的变种，以及刺芹属（*Eryngium*）的某些植物，如地中海刺芹（*E. bourgatii*）等，它们都寿命很长，具有抗逆性，尤其抗干旱，并且从不显得凌乱。在芝加哥的卢瑞花园中，阔叶补血草大大的花序包含了上千朵细小的花朵，形成一团柔和的云雾，其他的花儿隐约其间，展现出基底植物视觉效果方面的潜力。

需要牢记一点，基底种植设计中采用的植物种类范围是有限的，因为它们相对稳定，能够长时间地持续占据同一个空间。许多丛生类的草便是如此，多年生植物如阔叶补血草和紫景天的变种也是同样的情况。西伯利亚鸢尾及杯花属等低矮的丛生植物，尽管扩展得很缓慢，但在适当的条件下具备一个已被证实的特征——能在一个空间里长期占据主导位置。

丛生草及莎草显然是自然界中常见的应用，但非草类的丛生植物也有自然原型，在光照和其他条件允许的情况下，一些林地的下层也会被这类植物所主导。但是在丛生形态的多年生植物中，即使是同一属的不同栽培品种，中期和长期的表现也有巨大差别。强调这一点，是因为这些植物需要担当覆盖地表的职责。以矾根属为例，有些栽培品种能有效胜任，有些却不能，几年后就变得稀松，甚至死掉。

其他可能用于基底种植的植物则是生长速度较慢的低矮植物，从而能有效发挥覆盖地表及填充空间的作用。这类植物适用于其他草很难生长的荫蔽或半阴区域，比如匍枝福禄考（*Phlox stolonifera*）及掌叶铁线蕨（*Adiantum pedatum*）等蕨类植物。在开阔的自然环境中，有一些植物偶尔能挺拔而出，高高地伫立在草丛和其他草甸植物中，如柏大戟。在栽培环境中，它们能迅速填补植物间的空白，形成密实的一丛，但很容易被其他大型植物压制。然而斯洛伐克（Slovakia）的近期研究显示，大戟属和其他某些植物或许有异株克生效应，即它们会释放有害物质来抑制周边植物的生长。

许多园艺师和设计师都喜欢采用简约的基底种植设计，因此在大片场地中，常常只用一种植物和少量其他植物的随机混合。在私家花园或小场地中，基底保持统一均质十分重要，因为简约是基底的理念之一。然而，自然并不是这样的！漫步在物种丰富的自然草原上，如北美大平原或中欧草原，会看到非常复杂的组成。乍看似乎是大片均质的草，但最终能观察到多年生植物以复杂的模式融入其中并持续变化着。次要元素，尤其是装饰性的多年生植物，它们的分布千差万别。主要元素（通常是草）也有很多变化。当我们漫步在野外生境时会看到，某片区域由一个物种主导，到了另一片则又有新的主导者。

在更广泛的景观种植中，如果要创造更多观赏点和更自然的风格，就不能在大面积的场地中仅使用一种典型的基底植物。自然界中从一个群落渐变

（左图）秋生薹草作为'蓝之悦'藿香、松果菊和背景中的北美腹水草的基底而存在。秋生薹草的优势在于能形成如地毯一般的基底，但并不会疯狂扩张，而且它的颜色能映衬出其他花朵的美丽。图中是七月份爱尔兰的西科克公园（West Cork）。

（右图）九月末的高线公园，宽叶拂子茅（*Calamagrostis brachytricha*）作为基底植物，'帕克'凤尾蓍（*Achillea filipendulina* 'Parker's Variety'）和黄色的轮叶金鸡菊（*Coreopsis verticillata*）增添色彩和清新感。

到另一个群落的趋势可以通过过渡效果模拟实现。此外，大型种植块可叠加不同的基底植物，下层的基底植物会发生变化，但散布其间的多年生植物，不论是一丛丛的还是单株的形式，都能将下层的基底植物连接起来。

2.5.1 基底植物和重复植物

基于基底的种植设计分为两部分，一是大面积的在视觉上不占主导地位的基础植物，一是更具视觉吸引力的植物，也就是我们所说的核心植物。要让后者的视觉效果更突出，可以采用重复种植的形式。即便基底植物也具备视觉价值，但主要是作为填充者和背景板，旨在给核心植物打上高光，以突显其独特的价值。我甚至认为核心植物与基底植物

间形成显著差异，能创造出更丰富的视觉趣味，这样的做法比让所有元素都随机分布的效果更好。我们也许会在草原看到类似的景象，或者说我们的种植设计是在模仿草原。我们还是拿水果蛋糕来打比方，品尝水果蛋糕的乐趣不就在于水果与蛋糕间的明显不同吗？

最纯粹最自然的基底种植，就是简单地在一片草地上重复种植有限的几种多年生植物。通过使用丛生草类和多年生植物，此类设计有机会在长期生存（最可能由于草的存在）和装饰效果（多年生花卉）间取得平衡。

下表展示了艾克图瑟夫花园（Ichtushof）种植中的基底植物和核心植物的全年观赏点的分布。值得注意的是，雨伞草属（*Darmera*）和水甘草属

艾克图瑟夫花园（2011年）的部分种植设计图，这是荷兰鹿特丹市政厅的一个项目。此处场地中的办公楼形成了类似背阴面的生长环境。'遗产'河桦（*Betula nigra* 'Heritage'）的多枝干幼树在图中以黑点表示。这些幼树对周围多年生植物的根系生长影响较小，而且挡住的光相对较少。尽管如此，随着时间流逝，已经可以预估到某些多年生植物会因此消失不见。树底部周围，耐阴和不受树根影响的植物混合种植在一起。这处种植设计有清晰的功能性，但不是非常自然，'沼泽女巫'天蓝麦氏草和'紫叶'大穗杯花（*Tellima grandiflora* 'Purpurea'）形成基底，重复种植小丛的核心植物。右图注明了使用到的植物种类。

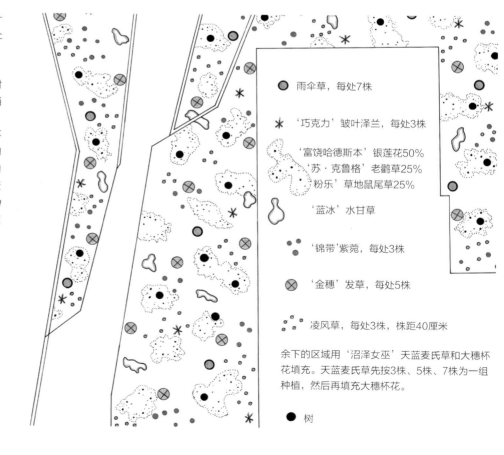

雨伞草，每处7株

'巧克力'皱叶泽兰，每处3株

'富饶哈德斯本'银莲花50%
'苏·克鲁格'老鹳草25%
'粉乐'草地鼠尾草25%

'蓝冰'水甘草

'锦带'紫菀，每处3株

'金穗'发草，每处5株

凌风草，每处3株，株距40厘米

余下的区域用'沼泽女巫'天蓝麦氏草和大穗杯花填充。天蓝麦氏草先按3株、5株、7株为一组种植，然后再填充大穗杯花。

树

（*Amsonia*）植物通常有好看的秋色叶，这是多年生植物中非常与众不同的特色。

艾克图瑟夫花园种植图显示出，基底植物主要有'沼泽女巫'天蓝麦氏草和多年生植物'紫叶'大穗杯花，每平方米按以下比例组合：

- 天蓝麦氏草：5~7株；
- 大穗杯花：5~9株。

大穗杯花是一种较矮的、半常绿的丛生多年生植物，常用作直立的天蓝麦氏草间的填充物，以尽可能减少裸露的土壤。在大部分土地上核心植物以小群组的形式规律地间隔穿插其间，这一设计也显示出种植植物时秩序的重要性。

- 河桦周围的植物：

①老鹳草属（*Geranium*）和鼠尾草属（*Salvia*）的植物，每平方米7~9株；

②'富饶哈德斯本'银莲花（*Anemone* 'Hadspen Abundance'）填充所有空隙。

- 以下植物按顺序种植：

①'蓝冰'水甘草（*Amsonia* 'Blue Ice'）；

②'巧克力'皱叶泽兰（*Eupatorium* 'Chocolate'）；

③雨伞草（*Darmera peltata*）；

④'金穗'发草；

⑤'锦带'紫菀；

⑥凌风草（*Briza media*）。

- 将天蓝麦氏草按3株、5株、7株一组的形式分布在剩余的区域。

- 最后，用大穗杯花填充空隙。

艾克图瑟夫花园的季节性观赏点

	春季	初夏	盛夏	夏末	初秋	深秋	冬季
核心（重复出现的）植物							
雨伞草	■	■	■	■	■	■	
'巧克力'皱叶泽兰			■	■			■
'富饶哈德斯本'银莲花				■	■	■	
'苏·克鲁格'老鹳草		■	■	■			
'粉乐'草地鼠尾草		■	■				
'蓝冰'水甘草		■	■			■	
'锦带'紫菀					■	■	
'金穗'发草				■	■	■	■
凌风草		■	■	■			
基底植物							
'沼泽女巫'天蓝麦氏草							
'紫叶'大穗杯花	■	■	■	■	■	■	■

■ 观花

■ 观叶

■ 观结构：种子、茎、草花

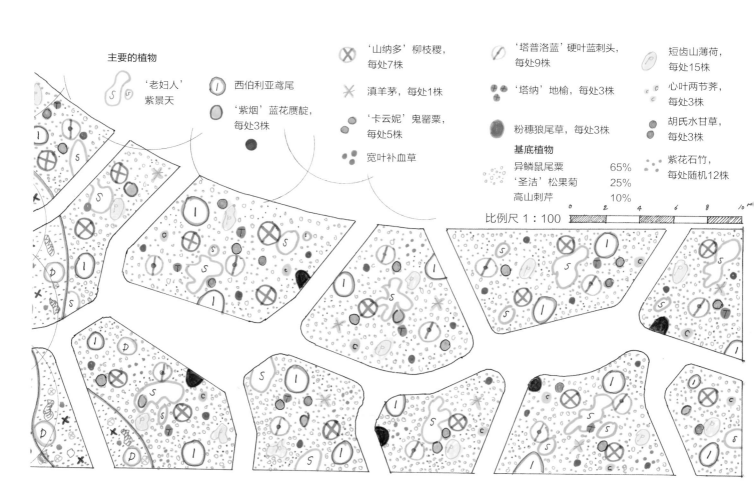

主要的植物

‘老妇人’紫景天

西伯利亚鸢尾

‘紫烟’蓝花赝靛，每处3株

‘山纳多’柳枝稷，每处7株

滇羊茅，每处1株

‘卡云妮’鬼罂粟，每处5株

宽叶补血草

‘塔普洛蓝’硬叶蓝刺头，每处9株

‘塔纳’地榆，每处3株

粉穗狼尾草，每处3株

短齿山薄荷，每处15株

心叶两节荠，每处3株

胡氏水甘草，每处3株

紫花石竹，每处随机12株

基底植物

异鳞鼠尾粟　　　　65%
‘圣洁’松果菊　　　25%
高山刺芹　　　　　10%

比例尺 1：100

0　　2　　4　　6　　8　　10 ㎡

荷兰范·维格花园的部分种植设计图。此处阳光充足，以基底种植和重复核心植物为主。基底植物是异鳞鼠尾粟（65%）、‘圣洁’松果菊（*Echinacea purpurea* ‘Virgin’，25%）和高山刺芹（*Eryngium alpinum*，10%）。

范·维格花园的季节性观赏点

	春季	初夏	盛夏	夏末	初秋	深秋	冬季
核心（重复出现的）植物							
胡氏水甘草		■	■	■	■	■	
'紫烟'蓝花鼠靛		■	■	■	■	■	
心叶两节荠		■	■	■	■	■	
紫花石竹			■	■	■	■	■
'泰普乐蓝'硬叶蓝刺头		■	■	■	■	■	
滇羊茅		■	■	■	■	■	■
西伯利亚鸢尾		■	■	■	■	■	■
阔叶补血草			■	■	■	■	
'山纳多'柳枝稷			■	■	■	■	■
'卡云妮'鬼罂粟		■					
粉穗狼尾草				■	■	■	■
短齿山薄荷				■	■	■	
'老妇人'紫景天					■	■	
基底植物							
异鳞鼠尾粟			■	■	■	■	■
'圣洁'松果菊				■	■	■	
高山刺芹		■	■	■	■	■	■

■ 观花

■ 观叶

■ 观结构：种子、茎、草花

上表显示了范·维格花园中的核心植物与基底植物的情况。

2.5.2 基底种植和种植块的结合

在多年生植物的种植设计中，将基底种植与更传统的种植块结合在一起，能有效地对比这两种不同方式的差异。基底种植中植物数量会受到限制，对于许多需要丰富的植物来吸引路人的地方，显得并不适合了。此外，作为一种大面积的种植方式，基底种植的成功非常依赖种植于此处的植物的繁茂生长。如此大的场地是不允许失败的，因此基底种植不可避免地倾向于使用久经考验的植物，这显然会妨碍创新的出现。将基底种植的大规模效应与种植块结合在一起的方式，其实是一种妥协。面对不太了解的植物，园艺师或设计师可以以小群组的方式使用。种植块也使得对某些植物的专门维护成

可供参考的基底植物

多年生植物

芒刺果属植物及栽培品种
欧洲细辛
香车叶草
荆芥叶新风轮菜
聚花风铃草
轮叶金鸡菊
淫羊藿属植物及栽培品种
扁桃叶大戟
柏大戟
多节老鹳草
血红老鹳草及栽培品种
线裂老鹳草
宽托叶老鹳草
矾根属植物及栽培品种

西伯利亚鸢尾
紫花野芝麻
山麦冬属及相关的属，如沿阶草属和吉祥草属
阔叶补血草
牛至属植物及栽培品种
匍枝福禄考及其他福禄考属植物
超级鼠尾草、林荫鼠尾草及森林鼠尾草
'马克思·弗雷'肥皂草
虎耳草属中的林地丛生品种
'伯轮特安德森'景天及其他生长缓慢的景天
绵毛水苏
大穗杯花

草类植物

雀麦薹草
宾州薹草及其他薹草
发草
箱根草
地杨梅属植物
天蓝麦氏草及小型变种
墨西哥羽毛草
帚状裂稃草
蓝禾属品种
异鳞鼠尾粟

蕨类植物

掌叶铁线蕨

马萨诸塞州楠塔基特岛的一个花园（2007年起）中的一处草甸，草甸以异鳞鼠尾粟为主，稀松地分布着一些重复的植物群组：波斯葱（*Allium christophii*）的花期是晚春和初夏，其余植物在盛夏绽放。生长于沙质干旱草原上的紫色达利菊（*Dalea purpurea*）和柳叶马利筋（*Asclepias tuberosa*）是异鳞鼠尾粟的天然伙伴。

 '佳酿'松果菊，每处3株

 紫色达利菊，每处3株

 波斯葱，每处1株

柳叶马利筋，每处1株

余下区域为异鳞鼠尾粟。

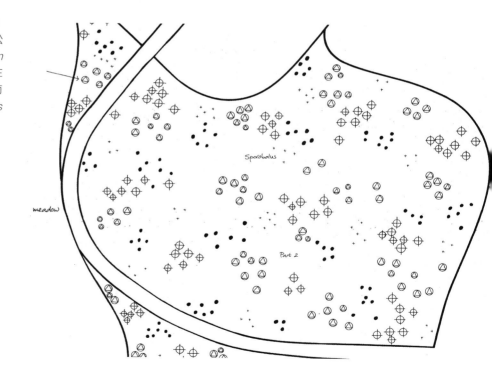

为可能，因为深入到一片基底种植中修剪某种植物的所有植株并不现实。如果将那些花谢后凌乱不堪的，或生长中期需要修剪的植物单独成块种植，处理起来就相对容易。

将互为衬托的种植块融于草丛或像草一样的基底种植里，实质上是将经典种植形式与混合种植结合在一起，大多数的观赏者将其仅仅视为草地。

老式传统风格与新式自然主义风格混搭在一起，对比效果十分吸睛又蕴含着丰富的信息。通过对比不同植物的特性这一简单的出发点也可以推动设计。观赏者面对的不仅仅是新的种植形式，还会明白植物并非是按规整的方块生长的。此外，将成组的植物与撒播的野花草甸相邻种植，也能达到类似的效果。

荷兰鹿特丹的吕伐霍夫滨水公园（2009年）是一处融合多年生组合、基底种植、重复种植的最新项目。作为核心元素的'金纱'发草（*Deschampsia cespitosa* 'Goldschleier'）创造出十分瞩目的效果，并与其他复杂的多年生组合形成更持久的景观效果。

在这个案例中，发草基底中包含着大量的'太阳吻'紫景天（*Sedum* 'Sunkissed'）和偶尔出现的阔叶补血草。其他重复出现的植物，如'摩尔海姆美人'秋花堆心菊和天蓝麦氏草一种季末景观草，直立的形态与发草草丛形成对比，可以为生长季末增添更多的色彩及深色的种子。更重要的是，这两种植物在整个种植区反复出现，将所有植物连成一片。此外还重复种植了另外两种植物，但它们仅在群组种植区的外围出现：滇羊茅（*Festuca mairei*，中等规格，适应性极强，且有很长的花期和果期）和茴藿香（*Agastache foeniculum*，盛夏开花的直立型多年生植物，种子也具观赏价值）。

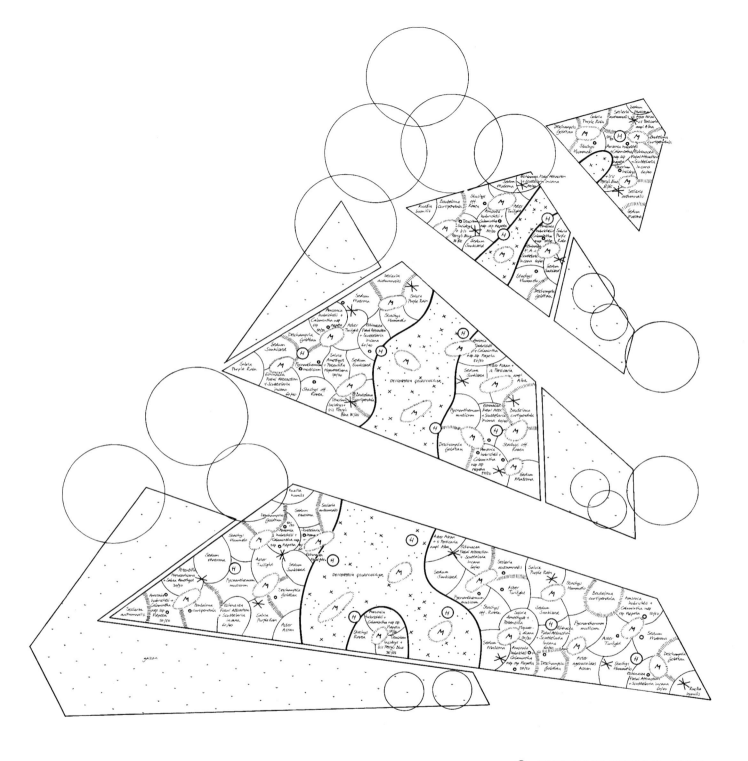

Ⓗ '摩尔海姆之美'秋花堆心菊，每处7株

Ⓜ '沼泽女巫'天蓝麦氏草

* 滇羊茅，每处1株

°₀ 茴藿香，每处1株

×× 宽叶补血草，每处3株

∴ '太阳吻'紫景天

余下区域为'金纱'发草。

鹿特丹市吕伐霍夫滨水公园的种植设计图，结合了基底种植和群组种植两种形式。

总体规划是由景观设计师制作，该设计图显示出6块独特形状的花坛。此处采用了三种不同的种植方式。
右侧狭长的花坛（大约55米长，10米宽）主要大片种植宽叶拂子茅，其他多年生植物和景观草重复种植。
左侧的4个花坛，中心区域由'金纱'发草组成基底（最宽处约10米），少量多年生植物和景观草重复种植。
在发草的两侧散布重复组群（最宽处约20米）。

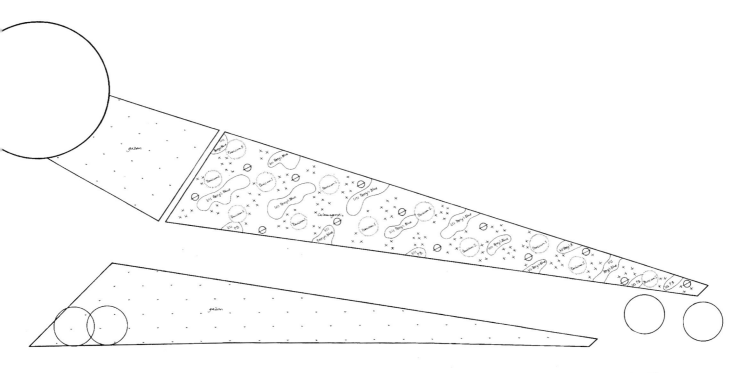

'佩利斯蓝'西伯利亚鸢尾

'山纳多'柳枝稷

'小塔尖'滨藜叶分药花，每处1株

'橙色领地'抱茎蓼

余下区域为宽叶拂子茅

草坪

委托方：鹿特丹市吕伐霍夫公园
　　　　滨水公园
比例尺：1：100
日期：2009年09月
设计师：皮特·奥多夫，霍美洛

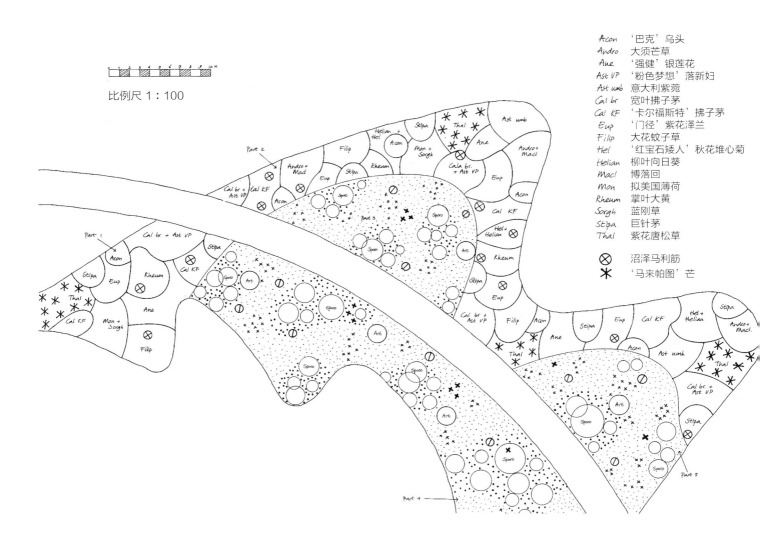

比例尺 1：100

Acon ‘巴克’乌头
Andro 大须芒草
Ane ‘强健’银莲花
Ast VP ‘粉色梦想’落新妇
Ast umb 意大利紫菀
Cal br 宽叶拂子茅
Cal KF ‘卡尔福斯特’拂子茅
Eup ‘门径’紫花泽兰
Filip 大花蚊子草
Hel ‘红宝石矮人’秋花堆心菊
Helian 柳叶向日葵
Macl 博落回
Mon 拟美国薄荷
Rheum 掌叶大黄
Sorgh 蓝刚草
Stipa 巨针茅
Thal 紫花唐松草

⊗ 沼泽马利筋
✳ ‘马来帕图’芒

楠塔基特花园中的基底和群组种植图。一片如草甸般的区域位于中间，与周边的花丛形成对比。基底植物是丽色画眉草（*Eragrostis spectabilis*）、‘沼泽女巫’天蓝麦氏草和珠光香青（*Anaphalis margaritacea*），以及一些零散的植物组合（见右侧的符号标识）。

✗ ✗ 胡氏水甘草，每处1株
Art 银叶艾蒿

⊘ 野花白花赝靛，每处1株
✗ ✗ ✗ ‘鲁宾斯坦’松果菊90%，‘诱惑’松果菊10%
‘沼泽女巫’天蓝麦氏草50%，丽色画眉草50%
珠光香青50%，丽色画眉草50%
Sporo 异鳞鼠尾粟

2.6 散布植物

或多或少随机出现在种植之中的植物，可以被称作散布植物。它们仅作为个体添加（甚至都不构成松散的组团），创造一种自发性和自然性的感受。它们可以被随机散布到其他植物的群组之中，包括散布到基底植物中，关键是要重复它们来创造一种自然的韵律感。

这种技术可以应用于各种种植形式，可以通过散布植物季节性的鲜艳颜色或长时间的独特结构来提升种植效果，关键是散布植物必须与群体中的其他植物有明显的不同。在大尺度场地中，即使形态庞大如大叶白花赝靛（*Baptisia alba* subsp. *macrophylla*），也可当作散布植物。它确实是非常好的选择，当白色的花凋谢后，叶子的质感、深色的种子和灌木丛式的形态，都极具个性和魅力。在小尺度的场地中，最好的选择是形态轻盈的植物，花谢后如隐身一般，如紫花石竹。它那鲜艳的玫粉色花朵开在细高的花茎顶端，十分抢眼，因此最好和形态紧凑的植物种植在一起。当花凋零后，便归隐不见了。

2.7 植物的层次——理解自然并应用于设计

欣赏一处自然景观，有时是种让人迷惑的体验。尽管有些植物群落看上去犹如一幅清晰的画，或在一年中某些时候是这样，但也有些群落看着就如同乱麻，让人眼花缭乱，毫无头绪。如果了解了植物群落层次，会有助于我们理解自然。我们可以认为植物在一个群落内有着几个不同的空间层次。有时层次清晰明了，很容易识别，但有些时候则很难辨认。换句话说，"层次"更像一种隐喻，虽然并不明确，但有助于我们读懂交织着的植物景观。

如果理解了野生或半野生的植物群落的层次，就可将其用于种植设计。这种方式既可以帮助园艺师和设计师做好空间结构，也能简化种植规划，可视化种植实施的过程。

成熟的温带森林有着清晰的层次。成熟的大树形成茂密的冠层，下层则是较年幼的小树和灌木，且通常要稀疏些。在北美和亚洲，槭属（*Acer*）、山茱萸属（*Cornus*）和杜鹃花属（*Rhododendron*）植物，通常占据着小树和大灌木这个层次。同人工环境相比，它们在自然环境中的分布非常稀疏和开阔。欧洲占据这个层次的是冬青属（*Ilex*）和榛属（*Corylux*）植物等。再下面一层是地被植物，有多年生植物、蕨类等，有时还会有生长较慢的小灌木，通常是常绿类的，如十大功劳属（*Mahonia*）和越橘属（*Vaccinium*）植物。更下层是体形更小的多年生植物、苔藓和真菌类。扎根于土壤但依附于其他植物生长的攀援类植物，可视作另外一个层次——概念层，因为它们可将人眼清晰可辨的层次模糊化。

草地也同样有层次，如牧场或草原，但相对来说没有明显的物理边界。草丛常占主导地位，形成一个层次。寿命长、直立的多年生植物，如赝靛属（*Baptisia*）植物等，构成另一个层次。比重更低的多年生开花草本植物，通常需要别的多年生植物来支撑，形成次要却极为显眼的一层。欧洲草原上生长着许多此类植物，如天竺葵属（*Geranium*）和蝇草属（*Knautia*）植物等。最后还有不少草本攀援植物，如野豌豆属植物，它们是豆科中品种非常丰富的一个种类。

高线公园中，粉色和白色的松果菊散布在整片草地上，稀松点缀的色彩能极大地激发人们对自然生境的联想。图中的灌木是黄栌，每隔几年需要修剪一次，以促进分枝和长出更具吸引力的叶子。

对于设计来说，必须避免复杂又模糊不清的层次。层次可以将植物分隔开，让景观的视觉效果更清晰连贯，还能简化设计过程和种植过程。在规划时，两三个层次便足矣，每个层次中可以包含好几种植物类型。

美国高线公园便具有这样的层次。当然，这里缺少一个层次——没有高大的乔木（否则公园沿线的居民会抱怨很多）。在其中一段上，灌木与地被植物草和多年生植物间存在显著差别，形成两个层次。在其他区域，种植的层次是概念上的，而非物理空间上的——基底植物为一层，成组的多年生植物为另一层，散布着的其他植物作为第三层。

在硫酸纸上设计植物层次是个好方法。每一个层次都可以单独查看，也可以叠放在一起推断整体效果。在种植实施时，可单独处理每一层，从而极大地简化整个过程。

在种植设计中使用分层设计。硫酸纸可以将复杂的种植设计分解成更简单的步骤。

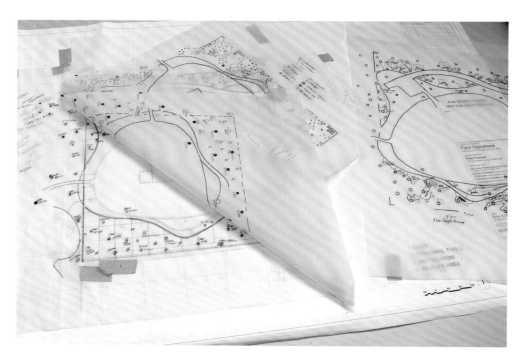

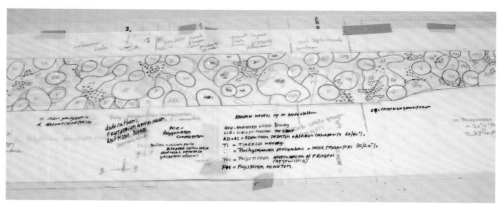

第一层

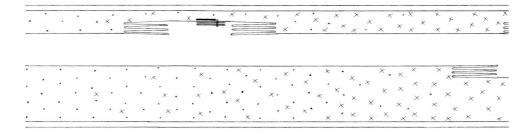

第二层

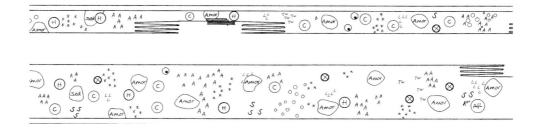

高线公园28~29段的设计图片段，位于西28街的市中心，中间的横向空白为步行道。第一层显示的是简单又开放的基底区域，其间有一个渐变过程，从'圣树林'柳枝稷（*Panicum* 'Heiliger Hain'，图中左侧的点号）逐渐过渡到宽叶拂子茅（图中右侧的十字符号），这些草间距为1~1.5米。第二层显示了多年生植物的小型组合，与刚才的草丛基底混合在一起，约有20种不同的多年生植物（多数花期较晚）。

为了使多年生植物与草丛更自然地融合在一起，每个组合本身的密度仅为正常情况下的50%。剩下的空间则用异鳞鼠尾粟和垂穗草填充，它们要比前面提到的两种草低矮些。宽叶拂子茅和柳枝稷保持较低的密度，是为了提高多年生植物的可见度。高线公园在视觉效果上的成功，很大程度上要归功于从草丛中探出头来的花朵们。

我们可以很容易在脑海中用分层技术区别出林冠下的木本植物和地被层的多年生植物，但对于草丛和多年生植物的组合就没那么容易。所以每一层我们都要考虑将植物按不同的方式来种植，第一层或许是简单的基底种植，第二层则需要组团种植，第三层可以分散种植。设想每一层是叠加在另一层上的，即使在现实中这两层间并没有高度差，也会对设计有帮助。

一般而言，第一层的设计是最容易的，要么采用基底种植，要么采用大的种植块或组合。第二层则需要更细致的种植，采用小型组合或更精细的模式。生态学家是这样定义"粗糙质感"和"细腻质感"的植物群落的：前者主要是大的团组，后者则是紧密地交织在一起的植物群落。这个概念可转换成：先种植粗糙质感的一层，再叠加细腻的一层。

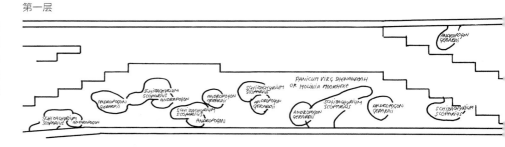

第一层

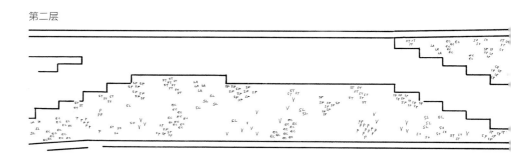

第二层

高线公园35~39段的设计图片段，位于西18街和西19街之间。第一层由'山纳多'柳枝稷和'沼泽女巫'天蓝麦氏草组成基底，并散布其他草类植物。第二层以字母缩写标示出各种各样的多年生植物，它们以松散的群组形式分布其间，每个缩写代表一株植物。

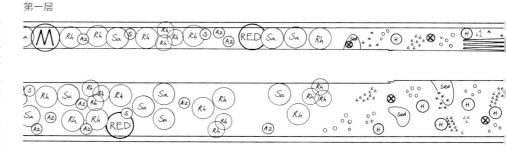

第一层

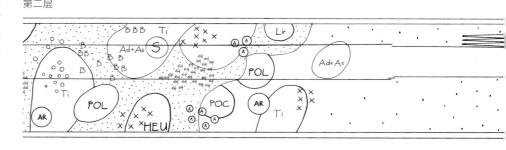

第二层

高线公园26~27段的设计图片段，位于西27街的中心区。此处展示了从右侧以多年生植物和观赏草为主的开敞区域，逐渐过渡到左侧的灌木区，地被层则种植着林地品种。从中能看到，两层的设计也可以有非常不同的植被组合。

第一层左侧的圆圈代表预期种植的乔木和灌木，右侧的图形代表多年生植物群组。两种情况都能创造出核心的视觉效果。第二层左侧是地被植物与林地多年生植物，右侧是由'海利格尔'柳枝稷（Panicum 'Heiliger Hain'）组成的基底。所有的空隙都用其他草类植物填充，球根植物或春季开花的多年生植物也会随机地种植其中。

2.8 统计植物数量

平面图通常采用1：100的比例，这一比例尺适用于多年生植物种植，可以展示足够多的细节。在大型场地中，不需要展示植物细节的混合种植可采用更小的比例尺。

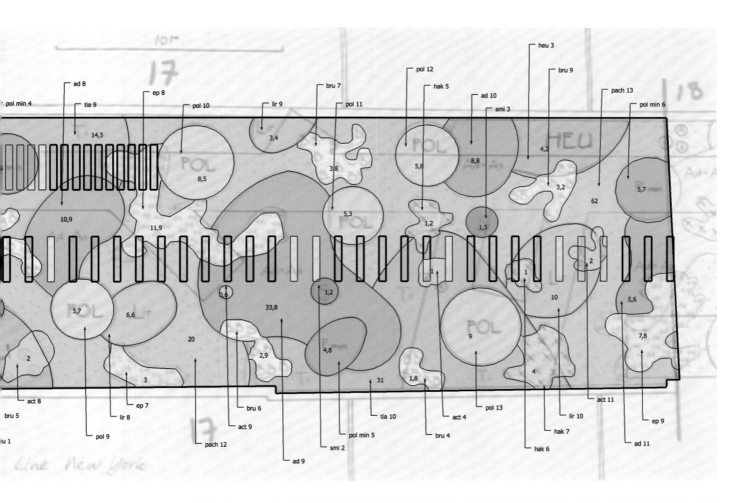

高线公园26~27段一处耐阴植物种植区的设计图片段（与108页下面的两图为同一处）。此处显示的是叠加后的种植设计图，每个植物群组或组合都被标示出来。

- 每个组合都有编号，按植物名（或其中一种植物的名称）的缩写加数字的方式命名。
- 使用软件，如Google SketchUp, AutoCAD或InDesign，计算出每个群组所占的面积（平方米）。
- 每个群组可以用一张表格来统计。
- 植物列表的示例见下页。这部分表格截取自设计中用到的3个植物组合。
- 每平方米每种植物的使用数量在书末的"植物目录"中有列出来（详见233~261页）。需要注意的是，为了能快速建立景观效果，实际种植时采用了更高一些的种植密度。
- 当采用混合种植模式时，每种植物所占的比例需要明确列出来。
- 混合种植的植物应该按5或7株为一组的形式来规划。
- 当植物群组覆盖在基质植物层上时，种植密度将会降低。

高线公园17号种植池中的林地地被植物样本

	编号	面积 （平方米）	种植密度 （每平方米内 的植物数量）	每组内的 植物数量
17号种植池		974.3		
枕木位置（未种植区）		97.8		
林地地被植物		876.5		
平铺富贵草+匍枝福禄考　80%/20% （*Pachysandra procumbens* + *Phlox stolonifera*）	pach 1	36	12	432
	pach 2	6	12	72
	pach 3	8.3	12	100
	pach 4	5	12	60
	pach 5	34.8	12	418
	pach 6	0.5	12	6
掌叶铁线蕨+加拿大细辛　60%/40% （*Adiantum pedatum* + *Asarum canadense*）	ad 1	1.4	10	14
	ad 2	8.5	10	85
	ad 3	57	10	570
	ad 4	8.2	10	82
	ad 5	6	10	60
	ad 6	41.5	10	415
'赫伦豪森'多鳞耳蕨 （*Polystichum setiferm* 'Hevrenhausen'）	pol 1	6.7	9	60
	pol 2	5	9	45
	pol 3	5.5	9	50
	pol 4	6.2	9	56
	pol 5	6.6	9	59
	pol 6	5.4	9	49

放线摆盆：

● 按2米×2米的大小画出种植网格，要与设计图中的位置一致；

● 以网格为指示，标记出每个分区的边界线。在复杂的设计中，现场可使用带有编号的标记来与设计图中的分区编号对应（如109页图中所示）；

● 植物按照种植块的编号进行分组（在种植区外）就近摆放。

● 现在可以在每处种植块边界线内摆盆了。

现在开始种植吧！

第 3 章

植物搭配

　　植物是种植设计的基本组成部分，因此了解植物的形态特征有助于我们更好地进行种植搭配设计。之前的章节中已经讨论过植物的颜色，这章将重点讨论植物的结构，因为不论季节如何更替，组合种植的结构都是相对稳定持久的。

　　得益于凉爽的温带气候，欧洲西北部国家可以长期种植各种各样的花卉，因此在花园种植方面有着深厚的积累与思考。这是其他恶劣气候环境所不允许的。在这里，研究植物的枝叶、形状和结构变得更有意义。颜色基本上仅涉及花朵，但花朵的寿命相对较短，因此无论气候条件如何，对于装饰性植物的种植设计而言，结构都是重中之重。而将颜色视为一种锦上添花，一份赏心悦目的季节性礼物，一份身心灵的慰藉更为恰当。在这章中，我们将系统性地分析植物的形态，探讨植物的结构、协调性、对比度，以及不同季节的表现，最后列举一些种植搭配的实例。

（左图）松果菊的头状花序与'蓝色奇迹'藿香（*Agastache* 'Blue Wonder'）的轮伞花序。

3.1 多年生植物的结构

多年生植物的外形差异很大，搭配设计时需考虑不同植物的形态，使植物在生长季尽可能多地展示生动的姿态，并拥有一定面积的冠层，利于光合作用。到目前为止，植物组合应用最多的是德国的自然混合种植系统：结构植物（Gerustbilder，德语）与次结构植物（Begleiter，德语）、自生的地被植物和填充植物（Fullpflanzen，德语，在早期用于填充空间的短寿命物种）相结合（这一方法将在第5章中讨论）。在我们的第一本书《用植物进行设计》（*Designing with Plants*，1999年出版）中，皮特和我对结构植物和所谓的"填充植物"之间进行了简单的划分。时至今日，我们需要对植物结构进行更详细的研究，尝试为这个重要的领域探索出一套更具普适性的语言。

多年生植物所具有的特定形态（现在被广泛称为"植物结构"）由茎和叶之间的关系所决定。植物形态是结构设计的基础。我们对植物形态的感知会受到空间尺度和周围其他植物形态的影响，例如适用于较大场地的结构性植物出现在狭窄的庭院花园中，可能就有些局促。通过了解决定植物形态的基本要素，我们可以将这些专属特征作为搭配设计的亮点。为了服务于某些特定的目的，同一植物部位的形态可能会有所不同。植物结构也可能会影响植物在不同季节的外形。

了解多年生植物外观特征的形成要素，不仅有助于我们在花园或景观设计中更好地运用这些植物材料，还能让我们更快熟悉培育的新品种，这对掌握那些还未在设计中尝试过的乡土物种十分有益。而且，参与新品种培育的工作者也可以从对植物结构要素的深入理解中受益良多。

3.1.1 基生叶植物

（1）线性基生叶植物

拥有线性叶的草本植物中有很大部分是单子叶植物。莎草科及其他草类植物拥有独特的品质，此处并未考虑。单子叶植物的叶片生长在植物的基部，或丛生（如下图A中的山麦冬属*Liriope*），或长在匍匐根上（如下图B中的鸢尾属*Iris*）。

除了某些大型的莲座状植物（如火把莲属*Kniphofia*等）外，耐寒的多年生植物的茎叶看上去"内敛宁静"，其一大优势就是叶片长得整整齐

A

B

齐。花序或种子的形态可能会相对显眼，但叶片本身很少单独用作结构元素。然而，使用线性叶植物是打破大多数阔叶多年生植物形态的有效方法。许多线性叶植物原产于南半球的温和地区，且只适宜生长在冬季较温和的气候环境。

其他典型植物：香鸢尾属（*Crocosmia*）、漏斗鸢尾属（*Dierama*）、丽白花属（*Libertia*）、萱草属（*Hemerocallis*）植物。

（2）阔形基生叶植物

这类植物的叶片贴着地面生长，有的紧密丛生（如下图C中的铁筷子属*Helleborus*），有的直接生长在地面根或贴着地面生长的茎上（如下图D中的岩白菜属*Bergenia*），有的从粗壮的茎上萌发向上生长（如下图E中的鬼灯檠属*Rodgersia*）。

由于这类植物的茎过短或贴着地面生长，它们的观赏价值完全在于叶片、花朵和种子。这类植物有的是很好的地被植物，有的可作为较高植物和结构性植物之间的填充植物。它们许多是春季开花的植物，还有许多是林地植物。有一些如下图E所示，是生长在非常潮湿的生境中的大型阔叶植物（如大叶子属*Astilboides*、雨伞草属、蜂斗菜属*Petasites*），具有鲜明的观赏特点。然而，从设计的角度来看，由于这类植物没有明显的茎，从而限制了它们在高处或冬季提供实用性的结构；但在春季和初夏的景观效果中，它们的叶片在许多设计中都起着至关重要的作用。

其他典型植物：矾根属、玉簪属（*Hosta*）、蓝钟花属（*Trachystemon*）、淫羊藿属植物。

3.1.2 茎生叶植物

大多数多年生植物的叶片生长在茎上，尽管有的植物只有细看才能发现。我们可以观察到不同的植物叶片位于不同的层次：有的叶片非常明显地聚集在基部（如116页图F所示的毛蕊花属），有的叶片下大上小（如116页图G所示的块根糙苏*Phlomis tuberose*），有的较大的叶片都生长在中部（如117页图H所示的博落回属*Macleaya*），有的沿着粗壮的茎均匀分布着大小几乎一致的叶片（如117页图I所示的泽兰属*Eupatorium*）。不过，有的植物的茎相对纤细，从而拥有独特的外形特征（如117页图J所示的老鹳草属）。

（1）露生层植物——低位茎生叶，茎粗壮

这类植物的叶片聚集在植物的基部，花朵生长在茎的顶端。这类植物在非花期或非结籽期的时候

C

D

E

通常不用作结构性植物，但开花后，便拥有非常显眼的外形特征。在视觉构图上，这类植物非常适用于营造叶片高度较低或中等，上部具有花或种子的种植效果。而且花和种子与大部分叶片距离较远，具有与众不同的观赏特征。例如，松香草属（Silphium）植物株高可达3米多；毛蕊花属（Verbascum）（如下图F所示）和毛地黄属（Digitalis）的独特之处在于它们靠近地面的基生莲座叶和粗壮的向上延伸的垂直花茎；黑毛蕊花（Verbascum nigrum）和锈点毛地黄（Digitalis ferruginea）等有着狭长尾尖的花序和种子，给园丁和设计师提供了可在松散的组团或种植带中作重复植物使用的奇妙的垂直元素，并且这些两年生或短命的多年生植物还有着粗壮的茎；如果在较低的种植层次上，可以考虑拳参和块根糙苏（如下图G所示）等具有多个花序的植物，亦可实现类似的效果。像杂交银莲花（Anemone × hybrida）、耧斗菜属（Aquilegia）和地榆属（Sanguisorba）这样的植物，成组应用时，远距离看，其花或种子会在植物上部呈现雾状效果，近看则是通透的。

星芹属属于这类植物与下一类植物的过渡区域，其形态独特，头状花序轮廓鲜明，但如果生长在竞争激烈的环境中，或者开花后则会变得形态松散。实际上这里有一个悖论，就是多年生植物的茎往往比一二年生植物的更纤细（后者需要有更粗壮的茎来确保种子传播及物种延续）。旋覆花属（Inula）植物既能有序生长，也能倒地混乱成一片，尤其是在多风肥沃的环境中。

我们也不能忽略这类植物叶片生长位置的特点。毛蕊花属和刺芹属的某些植物，其莲座状基生叶在生长季初期非常有特色。在海洋或地中海气候环境下，老鼠簕属（Acanthus）和菜蓟属（Cynara）植物是早春赏叶的结构性植物。这类叶片集中在较低位置的植物，对设计师和园艺师来说是很好的助手，既能严实地覆盖土壤，又有很好的视觉效果，还能抑制杂草生长。

更多典型植物：刺头草属（Cephalaria）、蓟属（Cirsium）、蓝刺头属（Echinops）、银叶老鹳草（Geranium sylvaticum）和许多唐松草属（Thalictrum）植物。

（2）叶片繁茂的植物——低位茎生叶，茎柔弱

这类植物的形态与图G或图I相似，只是茎较为松散或弯曲，甚至是匍匐的，在尚未丰花时，这些植物的叶子也能制造强烈的印象感——如图J（图中仅显示一根枝条）。它们绝大多数生长在竞争激烈的草甸或林地边缘。在野外或人工的高密度的自然主义种植环境中，这类植物的长势具有惊人的可塑性，它们迂回于周围的植物之中，极长的茎常常作为支撑，使叶片最终从茎基部伸出数十厘米到达光线能照到的地方。老鹳草属，有时甚至是星芹属植物，这样的特性尤其明显。它们几乎可以被称作"没有特定形状的植物"，它们会在邻居和竞争对手创造的生长环境中塑造自己的形状。

在花园这种几乎不存在竞争的环境中，此类植物通常会呈整齐的山丘状，但花期后便会枯败，这就是为什么做大型景观的专业设计师往往避免选择

F　　　　　　　　　G

它们的原因。通常情况下，它们的叶片集中于植株下部，且要比上部的叶片大得多，是典型的填充植物。设计师可以在种植设计中少量运用，利用其花色或独特的叶片作为点缀，而非作为结构性植物。对于有时间在花后进行修剪管理的园艺爱好者而言，它们是很理想的园艺植物材料。事实上，这类植物许多都原生于牧场或草甸，在那里它们与草类植物紧密混合在一起，这表明它们具有形成低维护草地景观的巨大潜力。

更多典型植物：羽衣草属（*Alchemilla*）、心叶牛舌草（*Brunnera macrophylla*）、老鹳草属的许多植物和栽培品种，包括日影老鹳草（*Gerarium asphodeloides*）、安德老鹳草（*G. endressii*）、暗色老鹳草（*G. phaeum*）、肾叶老鹳草（*G. renardii*）、皱叶老鹳草（*G.×oxonianum*），以及大多数紫罗兰色栽培品种——鬼罂粟（*Papaver orientale*）、肺草属（*Pudmomarin*）、聚合草属（*Symphytum*）植物。

许多多年生植物的栽培品种都具有笔直的茎，且从上到下叶片几乎均匀分布，也有少数种类叶片较少，茎中部叶片变大，但这类数量较少，不值得特别考虑——拥有灰绿色叶片的博落回属（下图I

所示）就是其中之一。这类植物的茎似乎呈现出一种渐变：从完全笔直（如下图J所示）到拱形，再到匍匐形态。

（3）直立茎植物——具有多个分枝

下面简要介绍一下花期较晚（夏末或秋季）的多年生植物，这类植物大多高直挺拔，叶片小而密，但开花时通常只有上部的叶片存活。这类植物具有许多突出的优势，花期相对较晚，使整个生长周期都具有观赏价值，即使到冬天花茎也可以真正起到结构性作用，其中许多品种都有极强的存在感，是很好的园艺材料。但它们也有明显的缺点，即茎下部看起来光秃秃的，没有吸引力，需要与低矮且紧凑的填充植物搭配组合。

这类植物中许多在使用的种起源于北美，通常来自北美草原栖息地，其中许多属于菊科，如紫菀属和泽兰属（如下图J所示）。它们很多都来自于有着肥沃土壤的竞争激烈的环境，在这样的环境中，植株高度决定着能否生存下来。在欧亚大陆一些富含水分和营养的环境中有所谓的"高草群落"，其中就生长着许多这类植物，如乌头属（*Aconitum*）和蚊子草属（*Filipendula*）。

H

I

J

更多典型植物：水甘草属（*Amsonia*）、白苞蒿（*Artemisia lactiflora*）、阔叶风铃草（*Campanula latifolia*）、泽兰属、大戟属、向日葵属（*Helianthus*）、迟熟小滨菊（*Leucanthemella serotina*）、珍珠菜属（*Lysimachia*）、美国薄荷属（*Monarda*）、天蓝绣球（*Phlox paniculata*）及其近缘种、一枝黄花属（*Solidago*）、铁鸠菊属（*Vernonia*）植物。

3.1.3 多茎植物——弯曲或匍匐状，多茎型茎生叶

许多多年生植物都有多条茎，且茎上分布大量叶片，但我们往往只会注意到植物的整体形态——或者如果叶片与众不同，我们只会注意到一大堆好看的叶子。这些植物个体本身的外观特征并不突出，但如果成群出现就会有戏剧性。由于它们的茎秆强壮，通常比那些被归类为"叶片繁茂型"的植物更具韧性，因此作为清晰的设计组件有着更长的季节性。

其中一个很好的案例是草甸上的鼠尾草植物，鼠尾草属的杂交品种包括林荫鼠尾草、草地鼠尾草、森林鼠尾草（*Salvia×sylvestris*）、超级鼠尾草等，它们是重要的耐旱植物。除了漂亮的颜色外，形似穗状的花序赋予它们独特的、利落的外观。由八宝景天和紫景天培育出的，且已被广泛应用的景天属品种，在植株大小和习性方面与鼠尾草相似，区别在于它们是伞形花序（如下图K所示），且在生长期仅需极少的修剪维护。

这类植物中的一些植株很高大，以至于可能会被误认为是灌木，如神血宁属（*Aconogonon*）和假升麻属（*Aruncu*）的变种。它们的叶子和分枝又多又密，且都从植株基部开始散扩，因此在设计中可以运用其类似灌木丛的厚实感。与之相对的是一些矮小的植物种类，茎很细弱，如果没有周围其他植物的支撑，往往会四处蔓生，如马其顿川续断。实际上，许多植物都有分枝，因此会有多个花序（包括神血宁属和媚草属植物），我们将在下一节详细讨论。

更多典型植物：意大利紫菀（*Aster amellus*）、新风轮属、矢车菊属（*Centaurea*）、大戟属的很多植物，包括沼泽大戟（*Euphorbia. palustris*）和多彩大戟（*E. polychroma*），平头菊蒿（*Tanacetum macrophyllum*）、牛至属（*Origanum*）植物。

K

L

3.1.4 分枝植物——茎的分枝模式

一些多年生植物具有可以产生分枝的茎，有的是在直立的主茎上长出以花结尾的侧枝，有的是不断重复一种分枝模式——在产生花的位置茎一分为二。这样的植物往往浓密得如同灌木，与其他多年生植物截然不同（如118页图L所示）。

当分枝茎直立向上时，植物的形态往往很敦实，在垂直方向上的体量感很大，例如千屈菜属（Lythrum）植物。当植物在水平方向和垂直方向上同时伸展时，它们的外形会类似灌木，例如蓝花赝靛（Baptisia australis），利落的灰绿色叶片使其成为独特的观叶型多年生植物。

上述植物都具有非常强壮的茎，足以越冬。对于茎较弱的植物，可以作为很好的低层填充材料或地被材料，如大戟属和荆芥属（Nepeta）的许多种类。此外，抱茎蓼（Persicaria amplexicaulis）不仅夏季花期长，而且得益于其分枝的特性，各个角度的观赏效果都极佳，但可惜的是，一场霜冻就会令其迅速枯萎成深褐色。也许并没有完美的植物。

3.1.5 草类植物

以类似方式使用的草和各种草类植物之间存在着简单的结构梯度变化，例如薹草属、地杨梅属和山麦冬属、沿阶草属、吉祥草属（Reineckia）等。

（1）草坪草或匍匐草用于形成草皮（在美国运用移植的草皮），其侧向生长的茎或根可快速联结成一层草皮，是理想的草坪材料，但不是很好的装饰性材料，因为它们会杀死其他植物。

（2）垫草会稳健生长，大多数时候初期都只有少量植株，最终会缓慢形成一层致密的草皮。薹草属和蓝禾属（Sesleria）植物，作为地被或草坪替代材料，已越来越受欢迎。较大的种类我们称之为簇生草(clumps)，比如'卡尔福斯特'拂子茅和芒属类等，也会形成一种非常规尺度的垫状，但可能需要数年的时间才能成形，其生长方式和垫草类似。

（3）丛生草在美国通常被形象地称为"束草"，它们长得非常紧密，生长到一定大小后便不会再长，但会不断冒出新芽，形成一片草丛。这类植物具有独特的形状：基部较窄，叶片呈弧形，能有效满足某些设计需求，例如天蓝麦氏草和异鳞鼠尾粟。

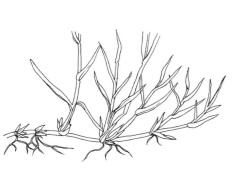

（1）草坪草／匍匐草

（2）垫草

（3）簇生草

3.2 搭配设计

种植设计的效果取决于植物如何搭配。"搭配"可描述为"至少能同时欣赏到两种植物，且通常是相邻的"。在任何设计领域，都很推崇常常提及的"少即是多"的原则（有些人或许将其视若真理）——简单往往比复杂多样更具感染力。然而，对于景观设计师来说，简单可能会让人很快失去兴趣，反而需要一些复杂元素保持新鲜感。毋庸置疑，对简单和复杂的理解因人而异，所有关于美学的讨论都是非常个人化和主观性的，并且深受文化背景的影响，例如墨西哥人喜欢用鲜艳的粉红色搭配亮黄色，而这种搭配在欧洲不太常见。

每个人都有喜恶偏好，有时即使我们自己也无法说清楚原因。任何园艺师或与植物相关的工作者都有他们偏好的种植设计"植物清单"，当他们被某些陌生的植物所吸引时，往往和他们"清单"上的植物种类很类似。换句话说，我们潜意识里都有一套自己的植物选择标准。任何做种植设计的人都需要意识到这一点，如果他们试图分析自己的植物偏好，应该从自己的选择标准入手。这是有效创作出搭配设计的第一步。

在了解了个人的植物选择标准后，园艺师或设计师可以更轻松地设计出独具创意的种植设计作品。植物种类的重复运用是一种常用的简单方法，会营造出节奏感和统一性。植物组合的重复运用会强化这一点。通过重复性地运用植物材料，可以使植物在特定的季节以某种引人注目的方式（开花或其他表现方式）制造出强烈的视觉效果。海纳·卢兹（Herner Luz）的"季节性主题种植"原则就利用了这一理念，将在第5章中进行详述。

（120~121页）图为九月诺福克的潘斯索普自然保护区的自然景观，种植设计运用了各种颜色和形态的植物。前景中，抱茎蓼轻盈美丽的粉红色花序与后面厚重的'摩尔海姆美人'秋花堆心菊形成鲜明对比。自然保护区中的一大亮点是背景中块植的发草，不仅与当地的乡村景观相呼应，而且为丰富多样的多年生植物营造了简明的背景。

蓝色的灰毛黄芩（*Scutellaria incana*）是种不同寻常的植物材料，夏季中后期开花，与粉红色的植物搭配在一起非常和谐，例如后方的'帕米娜'银莲花（*Anemone x hyrida* 'Pamina'）。左侧对比更加明显的是'塔纳'地榆（*Sanguisorba* 'Tanna'），在清晨阳光的照耀下，花朵会呈现出特殊的光泽感。

3.2.1 色彩

颜色是种植设计中非常重要的一部分，特别是在运用多年生植物的时候。这方面已出版了许多著作，其中不乏优秀作品，因此我们就不在本书中赘述了。

我们，特别是皮特，希望淡化人们对于色彩重要性的过分强调。颜色是种植设计整体的一部分，皮特认为"色彩是种植设计体系中，结构之外的另一个重要元素……与情感息息相关……不可分割"。其中一些原则具有科学基础，并且大多数园艺书籍中引用的色轮确实有助于我们理解某些颜色组合看起来赏心悦目的原因。然而，颜色问题是很主观的，受天气和光线条件的影响也极大：一天中的某个时段可能看起来不错，但其他时候可能看起来会十分乏味。

在一年中的某些时候，实际上可供我们选择的颜色不多。在温带气候地区，春季和秋季往往以黄色和紫蓝色为主，这很可能是由于昆虫对光波长感知的原因。园艺师们最好参考大自然的"建议"，来发掘季节性的创意。

目前，根据颜色进行植物搭配设计已经不再像以前那么重要。在19世纪下半叶和20世纪的大部分时间，园艺曾高度依赖于杂交品种或形态较大、颜色丰富的花卉品种，这样的组合设计会产生具有冲击力的视觉效果，带给人们强烈的第一印象——喜爱或厌恶！对此，一些园艺师们试图追求极度和谐的色彩搭配，然而，当前的趋势更加倾向于淡化色彩的重要性。园艺师们现在更注重结构和质感，会更多地运用枝叶或形态优美的材料，而其中某些材料的颜色可能并不鲜艳。植物的美可能难以界定，但正如皮特所说："你可能无法描述某种植物的独特之美，就像你遇到了喜欢的人，也常常说不出原因一样。"

自然主义种植促进了野生植物品种或与其类似的栽培品种的运用，这些品种花朵的大小相较于植物的其他部分并不凸显。总而言之，与先前的园艺风格相

这个花园中运用了一个典型的秋季或初冬种植搭配技巧，将质地较硬、颜色较暗、形态鲜明的植物材料（图中为蓝刺头）与质地柔软、颜色较浅、形态纤细的草类植物（图中为发草以及后方的芒草）组合在一起。这种效果可以持续数月，并且可以适用于多种植物。不同于其他深秋时节的花园效果，这种搭配对于阳光的依赖性不强。

比，自然主义会更多地使用绿色、柔和的黄褐色、素净的乳白色。这些颜色不仅使整体效果更柔和，而且通过更有效地将浓烈色彩分开，来打破其影响。

3.2.2 结构

尽管多年生植物的种植设计历来注重色彩，但在园林和景观设计中，木本植物的运用首先考虑的是体量和形态——二者是树木能否健康生长的关键指标，其次是结构和质感。如果过于强调色彩，那么运用多年生植物的设计师可能会认为这些植物只能用于私人或其他有着较好管理的花园，而非公共景观中，这将导致多年生植物价值得不到充分利用。目前这种情况正在发生改变，部分原因是人们逐渐认识到多年生植物在冬季甚至全年的良好效果，在长期表现方面结构和质地远比颜色重要。

我们可以将之与食物进行类比。大多数人的美食体验——这里指的是除了填饱肚子的生理需求外，人们对美食的享受程度，很大程度上取决于风味，而中国人是个例外。作为世界上最为精烹细作的美食之一，中国菜居然很少强调风味，反而更注重食材的质感和口感。过分强调风味的美食就会忽视食材本身的特质。这也许和在种植设计中过分强调色彩是一样的。

对于色彩的强调，实际上是以欧洲西北部为代表的传统园艺特色，这些地区的天空通常是灰蒙蒙的，且天气较为凉爽。这或许反映了英国园艺对于世界各地造园技艺的深远影响，以及荷兰（还有法国、比利时、德国）的苗圃业在植物育种方面的贡献。较长的生长季节和柔和的光线使得北欧地区可以在长达数月的时间内，充分发挥植物的色彩魅力，展示极为丰富的色彩层次。此外，较长的花期也得益于其凉爽的气候条件，但对于冬季或旱季较长的地区而言，植物的运用会受到限制。在色彩搭配之外，针对气候条件的种植设计可能会更加依赖

结构和质感设计。

不同于学习色彩搭配时有色轮可供初学者快速上手或作为参照，结构和质感设计没有特定的原则。我们的第一本书《多年生植物种植设计》中概述了运用多年生植物进行种植设计的基本结构方法，而其他相关方面的内容也可以找到不少著作。接下来简要介绍一些基本的原则和经验。

（1）70％原则

种植设计中几乎没有普适性的原则，如果说有，也是基于从业者的设计经验总结。如前所述，多年生植物既包括具有明显结构特征的种类，也包括结构特征不明显的种类（即填充植物）。如果两类植物以结构植物和填充植物约7∶3的比例组合使用，可实现最佳的种植效果。

● 结构植物：除了依赖于花或叶子的颜色外，要有至少能够保持到秋天的清晰的视觉效果。

● 填充植物：仅用于观花或叶的颜色。在生长季早期具有结构效果，但在盛夏之后形态会变得不清晰甚至凌乱。

在本书末尾的植物目录中，皮特对于可以用作结构植物的种类进行了说明。

（2）由植物主导

没有哪个园艺师或设计师可以凭空想象出无数种植搭配。那些生活并工作在欧洲大西洋东北沿岸地区，以及四季如春的旧金山湾地区的设计师们是如此的幸运，他们可以随心所欲地混合、搭配来自不同气候条件的植物。

不同环境中生长着不同的特定植物，而在某一特定环境中共同成长的植物很可能具有某些结构和质感（甚至是叶片颜色）方面的共性。我们对任何场地进行种植设计时，需要先了解场地的特定气候条件及外部环境，然后再进行设计。植物的运用通

'迪莉斯'日影老鹳草（*Geranium* 'Di-lys'）很好地展示了填充植物的优势所在。这种蔓生性极强、盛夏开花的日影老鹳草犹如液体一样，充盈在其他拥有清晰结构的植物之间，而这种植物本身没有特定的形态。

（126~127页）图中是荷兰霍美洛的奥多夫花园九月时的景象，尽管这些植物看上去稍显凌乱，但它们都具有鲜明的结构，仍具观赏价值。橙色的'摩尔海姆美人'秋花堆心菊和紫色的'维奥莱塔'美国紫菀花朵直立向上，'雷雨'地榆（*Sanguisor-ba* 'Thunderstorm'）深红色的花朵散布在长长的花茎上。在其后方，草类植物'透明'天蓝麦氏草枝叶繁茂，体现体量感的同时，也具朦胧之美。

草类植物在许多自然环境中起着非常重要的作用，并且经常充当特定生境的标志植物。这个角色可以将花园或公园与周围的景观联系起来，同时将更多引人注目的植物突显出来。在霍美洛花园中，紫色的'伊芙琳'婆婆纳（*Veronica* 'Eveline'）与羽毛状的红花蚊子草（*Filipendula rubra*）从发草中脱颖而出。

（左图）蓝紫色和黄色互为补色，这两种颜色会产生强烈的对比，也许正是因为这一点，这种对比才会在种植设计中十分常见。在八月的花园中，'金摩萨'加拿大一枝黄花（*Solidago* 'Goldenmosa'）和'暮色'大叶紫菀（*Aster* 'Twilight'）成为主角，右侧是粉红色的帚枝千屈菜，与紫菀形成和谐的配色。像这样强调颜色搭配的组团种植，视觉效果会因不同视角而异。

（右图）奶白色的丝兰叶刺芹与蓝紫色的'紫花'半边莲（*Lobelia* 'Vedrariensis'）、粉红色的'天蝎'美国薄荷（*Monarda* 'Scorpion'）共同构成了夏末的和谐美景。植株高度相近，为混合种植创造了可能。

常受气候和其他环境因素的影响，我们可能会因为某些因素而剔除掉一些结构类型，例如多风的地方不宜种植叶片大而柔软的植物。如果需要使用乡土植物，则需要重点考量植物的结构层次，可以参考南半球地区的各种具有明显莲座状结构的植物。特定生境下生长的植物所具有的独特形态和质感都是漫长进化的结果，例如质感细腻的波缘叶片就是典型的干旱地区的产物，无论是生长于北欧的多风地区还是欧洲南部的夏季炎热地区。

逐渐偏向自然主义的审美也会影响到植物结构设计。尤其是在温带地区，很多开放的栖息地都以草及草类植物为主，这意味着任何自然主义的种植尝试中都必然包含这类植物。这一点在纽约高线项目中体现得尤为明显，项目的混合种植中大量运用了各种草类植物。

（3）和谐与对比

这是种植设计中最基本的平衡关系，这种平衡关系的塑造往往是创造性的！一些设计师和园艺师倾向于制造鲜明的对比，而一些则喜欢营造和谐。和谐与对比不仅适用于色彩的表达，在结构上也同样适用。

产于欧亚和北美温带气候条件下的植物很难有"太多"的结构，因为这些地区的植物形状大多很简单：灌木往往没有特定形态，许多木本植物和多年生植物的叶片都很小，外观看起来散漫而模糊。产于其他气候条件地区的植物拥有更加丰富的形态，例如产于北美季节性干旱地区以及南半球温带气候条件地区中的莲座状和尖刺状植物。产于热带和亚热带气候环境下的植物拥有更加多样的形态，叶片形状和大小也千差万别。事实上，温暖气候条件下的种植设计都是从结构开始的，色彩倒是次要考量要素。针对这些地区，园艺师和设计师一直希望通过引入一些异域风情的植物来增加种植设计的趣味性，虽然这种方法需要考虑植物的耐受性，但在气候条件允许的情况下，园艺师无疑能够创造出丰富多变的植物结构组合。缺点是有时可能会因不同形态的植物组合在一起而显得眼花缭乱，尤其是使用了大量锯齿状、尖刺状或直立形状的植物。

产于温带地区的草类植物的结构丰富多样，但是形态并不十分惹眼，因此可以很好地用于灌木和多年生植物的组合中，且不用担心"过度装饰"的问题。事实上，正是这种观赏草使得欧洲和北美温带气候地区的园艺师开始真正将多年生种植设计的核心探索从色彩转向结构——在此之前，人们在种植设计中所运用的结构真是太局限了！除了草类植物之外，最重要的结构元素便是茎秆直立的植物。重复运用同样的竖线条元素能够营造出强烈而统一的视觉效果，而且许多此类植物的观赏期都较长（从花蕾到开花到种子都极具观赏性）。

显而易见，不同的植物形态间或多或少会形成对比，而营造和谐需要设计师发挥更多的想象力。形式上的重复也许是关键，特别是草类植物。在花园或景观中点缀一些草会营造出舒缓宁静的氛围，既可以重复展现草类柔软的形态引发共鸣，也可以

利用芒草等的叶子制造出统一感，尤其是当它们随着微风轻轻摇曳。球形的亚灌木也可以有力地表达和谐，例如薰衣草属（*Lavandula*）、长阶花属（*Hebe*）或蒿属（*Artemisia*）植物。

3.2.3 光照

当代种植设计已极大地拓展了光照运用的可能性。传统的花境需要依赖光线的正面照射，这强调了扁平化色块的作用，这对于那些需要散在逆光条件下才能呈现最佳观赏效果的植物，特别是中高型的观赏草来说非常不利。

光照在很大程度上取决于场地所处的纬度及季节。某些地方具有非常好的光照条件，是因为地理和气候条件共同作用的结果，因而在讨论某地的光照条件时，无法避开其具体的地理环境。

苏格兰、斯堪的纳维亚半岛，以及相同纬度的其他地区，夏季的黎明之后或黄昏之前，会出现一种特别的光线，会将所有事物笼罩上一层梦幻般的金色光芒。这是因为太阳光线与地表的夹角较小，从而聚集了暖色光。整个北欧地区在冬季午后也会出现这种情况。在一年白昼较短的那几个月中，天色发灰的时候，也会出现这一神奇的光线效果——设计师要好好利用这一条件。高纬度地区夏季的光线很柔和，沿海地区的天空常阴沉沉的，这些地区都非常适合展现丰富而微妙的色彩变化。

低纬度地区的阳光更加强烈，因此会产生不同的视觉效果。夏日光线刺眼，虽然在清晨和傍晚前后光线会相对柔和，但持续时间并不长。即使是冬季光照也非常强烈。北美地区冬季降雪后草类植物会枯败，所有的景观都仿佛被"漂白"了似的——在湛蓝的天空下，只有黄褐色和棕色可见，甚至针叶树的叶子看起来都不再是绿色的。在相同纬度条件下，地中海气候地区冬季常常阳光明媚且绿色植被较多，与夏季刺眼的光照不同，冬季花朵颜色看

夏末，粉红色的晨光或晚霞不仅是花园中红色调植物，如抱茎蓼的绝佳背景，也突显了草类植物微妙的颜色变化，尤其是芒草（Miscanthus sinensis）的栽培品种，它们呈现出丰富的颜色变化。

起来更加明快，人们可以分辨出绿色和灰绿色叶片的微妙差别。这些低纬度地区夏季正午时分的光线会非常强烈，会减弱花朵的视觉色彩感知度，荫蔽或阴天条件下则可以更好地欣赏这些植物。在严酷的光照条件下，人们看到更多的是植物结构——这一点非常重要。

人们常认为雾会影响种植设计的效果，但其实地表弥漫的云雾可以产生一种非常神奇的视觉效果。有时雾气环境非常适合林地植物生长，比如中国沿海地区的杭州，被雾气笼罩的西湖是上千年来无数文人墨客笔下赞颂的对象。弥漫的薄雾可以为花园增添神秘感和戏剧效果，特别是较高的植物会时隐时现。穿透雾气的微弱阳光能强化这种效果，当太阳升起后，留在茎叶上的微小水珠在蒸发前还会闪闪发光。

3.3 各种季节的植物

3.3.1 生机勃勃的春天——球根及类似植物

经历了冬季的寒冷和苍白的色彩之后，许多人都希望能够在春季花园中看到色彩缤纷的景致。实际上，只需少量的色彩便能够产生惊人的效果，而且植物的结构和质感等也可以产生微妙的加分效果。一年之中，春季总能带给人一种莫大的活力感，植物外观几乎每天都在变化。这种活力和能量正是体现春天魅力的关键，玉簪属、牡丹属等多年生植物的嫩芽破土萌发，丛生的多年生植物舒展新叶，显露出的齐整的姿态。一切都蓄势待发，园艺师或设计师的工作就是充分展现植物的勃勃生机。

植物的国际贸易使得世界各地的春季花园都采用了大致相同的植物材料，唯一的区别在于花期的长短。在海洋性气候地区春天可长达数月，寒冷和温暖的天气交替循环；在大陆性气候地区春季只持续几周，随之而来的夏季高温会使春季花卉迅速凋敝，取而代之的是初夏球根和多年生植物。此外，春季花卉和初夏花卉会出现花期重叠的情况，例如水仙与牡丹。

木本植物是体现盎然生机的重要元素——当然，也是因为它们本身比多年生植物和球根植物的体量更大。虽然可以种植木本植物，但需要定期维护以避免下部灌木蔓生，确保其他植物的生长空间。

春季种植几乎不可避免地会使用到球根植物，或者用专业术语来说叫"隐芽植物"，包括球根以及其他"便于单个售卖"的块茎植物。人们都认为

图中显示的是四月时芝加哥卢瑞花园中种植的'柠檬水滴'水仙（*Narcissus* 'Lemon Drops'），当其他多年生植物还处于休眠时，球根花卉的秀场已拉开帷幕。请注意植物的分布状态，它们常常不是组团种植的，一是因为成簇的叶子在开花结束后的数周内会衰败且品相较差，二是它们慢慢会自动组团。

球根植物易于种植养护且价廉，简直完美到难以置信！但这可能会导致我们忽视春季花园中其他的潜在选择。

大多数园艺师采购的球根植物都产自温带或地中海气候地区的林地或草甸环境，这些花卉通常连年开花。但原产于气候恶劣区的郁金香属Tulipa是个例外，它们需要在夏季炎热的天气中，利用休眠期形成来年的萌芽和积累营养。

大多数球根植物即便在随机栽植的情况下也能有很好的视觉效果。在一些特殊情况下，需要在栽植的时候加以留心，以减少后期的园艺活动对它们的干扰，或尽量减少可能与之存在竞争的多年生植物。此外，需要小心栽植水仙花和卡马夏花，因为花期后数周内其枝叶会蔓生滋长，所有优秀的园艺师都知道，即使冒着来年不开花的风险也得进行修剪。春末和初夏，水仙残败的叶子很容易被生长旺盛的丛生植物遮挡，因此需要仔细打理。另外一种避免这类植物枝叶蔓生问题的方法是：不要像往常那样对球根植物进行成组栽植，而是将它们分散栽植，使它们的叶子不聚成一团。

许多球根植物可以轻松地添加和生长在其他植物中，并且在多年生植物开花的时候，这些球根植物开始枯萎，这使得想要实现种植景观在春季与夏季有显著差别成为可能。实现这个目的关键是设置两层植物，一层是球根植物，一层是多年生植物。此方法还可以确保类似水仙花、糠米百合属（克美莲属）这类多叶的球根植物不会遮蔽正在生发的多年生植物；反过来同样重要，能确保幼小的多年生植物不会遮盖葱属植物的叶片，葱属植物的叶子需要提前生长（叶子会在花期死亡）。

较小的球根花卉，如雪百合属（Chionodoxa）、番红花属（Crocus）、雪花莲属（Galanthus）、绵枣儿属（Scilla）等植物，可以非常方便地与多年生植物组合，因为它们的活跃生长期，以及对光照、营养和水分的需求与多年生植物是不一样的，所以几乎不存在相互竞争。因此，它们可以与多年生植物和谐共存，甚至可以在多年生植物之中生长。

其他与球根花卉有着相似习性特点的早花植物也可以与其他植物近距离混种。

（1）夏季休眠的多年生植物

许多生于林地或林地边缘的多年生植物会贴地生长，而且开花早衰败得也早。它们的夏季休眠情况在很大程度上取决于气候条件。欧洲西北部常见的欧洲报春花（Primula vulgaris）通常整个夏季都能保持常绿，但在非常酷热或干燥的夏天几乎无法存活，漫长的进化使其生长期集中于气候温和的冬季和春季。产于欧洲中部大陆气候地区至高加索地区的植物，如肺草属和脐果草属（Omphal-odes）植物，生长期集中在春夏季，如果夏天过于干燥，它们就会重新进入休眠状态。在理想的气候条件下，许多肺草属中的优秀品种在欧洲海洋气候地区的夏季花园中可被运用——但这种气候条件可遇而不可求，不是年年都会出现。

夏季休眠的植物可以与后种的多年生植物近距离混植，它们会在许多多年生植物萌发前开花。滨紫草（Mertensia virginica）就是一个很好的例子，可作为其他植物的填充材料，甚至在茂密的草丛中也长势良好。春天其他多年生植物刚刚萌发的时候，滨紫草就已经绽放出美丽的蓝色花朵。在草原环境中，流星报春属（Dodecatheon）植物与之类似，会开出深粉色的花朵。欧洲林地植物丛林银莲花（Anemone nemorosa）可以利用日本虎杖（Fallopia japonica）的生长空窗期（2~4月）在其灌丛中良好生长——日本虎杖是种典型的入侵植物，4月之后便遍地疯长。秋季开花的秋水仙属（Colchicum）植物也可以在虎杖中生长——这让人联想起了那些在鳄鱼牙齿间捡食的小鸟。

林地中不是只有树。在纽约高线公园里，小型乔木层（大部分为桦树）下种植了薹草，如同自然生长的植物群落。密密麻麻的丛生植物是刚毛薹草（*Carex eburnea*），这是一种原产于北美中西部的坚韧薹草，它们扩散得非常缓慢，因此具有整齐的簇状结构。上方图片中较大的组团是宾州薹草（*Carex pensylvanica*），其正在逐步成为耐阴草坪草的替代品种，而下方图片中则是需要较好光照条件的秋生薹草。

（134~135页）许多多年生植物都能够在灌木和小型乔木下良好生长。在这片场地中，从左到右分别是大花垂铃儿（*Uvularia grandi-flora*）以及其后方奶白色的黎寺银莲花（*Anemone × lipsiensis*），铁筷子杂交种（*Helleborus × hybridus*）以及其前方蓝色的滨紫草和后方粉红色的美丽荷苞牡丹（*Dicentra Formosa*），叶色较暗的多花芍药（*Paeonia emodi*）以及树干下方蓝灰色的尚未绽放的'贝特堡'黄精（*Polygonatum × hybridum* 'Betburg'）。其中，垂铃儿属（*Uvularia*）、银莲花属和滨紫草属正处于夏季休眠状态，荷苞牡丹属夏季有时也会休眠。

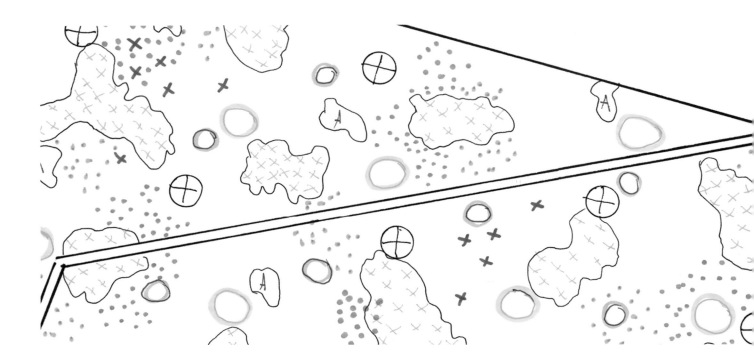

上图是荷兰鹿特丹一个花园中春季和冬季球根植物和其他植物的种植情况。球根或其他春天开花的植物被成组使用，因此早春至晚春各个阶段开花不断。丛林银莲花（Anemone nemorosa）被种植在多年生的'富饶哈德斯本'银莲花丛中，'苏·克鲁格'老鹳草（Geranium 'Sue Crûg'）和'粉乐'草地鼠尾草小而坚韧。稳定扩散的银莲花与多年生植物非常匹配，后者的主要生长季是在银莲花开花之后。通过成组散布就可以有效地利用球根植物，而且组群的位置或多或少是随机的，就像这里的黄花葱（Allium moly）和美丽番红花（Crocus speciosus）。

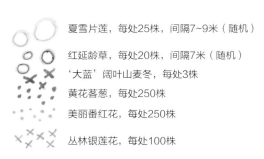

夏雪片莲，每处25株，间隔7~9米（随机）

红延龄草，每处20株，间隔7米（随机）

'大蓝'阔叶山麦冬，每处3株

黄花葱葱，每处250株

美丽番红花，每处250株

丛林银莲花，每处100株

在多年生群组中间分散种植银莲花、老鹳草和鼠尾草。

许多多年生植物都扮演着类似的角色，但它们生长缓慢，因此常常价格高昂。园艺师对它们钟爱有加，延龄草属（*Trillium*）就是一个很好的例子。在自然界中，它们通常紧挨着其他植物生长，只要尽可能地减少对土壤的干扰，就可以实现扩散或自播。

（2）一二年生以及寿命较短的春天开花的多年生植物

这类植物并不多，也许我们应该在花园种植中对其进行更多探索了解。在林地和林地边缘环境中，特别是在幼苗能够越冬的海洋或地中海气候地区，生长着大量一年生和二年生植物，它们秋季发芽，春季或初夏开花。传统花园种植设计中的一种典型植物是乡村花园中常用的银扇草（*Lunaria annua*），具有紫红色的花朵和银色的果荚，黄绿色的亚历山大草（*Smyrniam perfoliatum*）则是另一个例子。寿命较短的多年生植物，如欧洲常见的野花异株蝇子草（*Silene dioica*）也有类似表现，其生长期主要集中于春秋季，有时会在夏季休眠。许多堇菜属（*Viola*）植物也具有这一特点，这个属的植物似乎已经适应了诸多种类的生境和气候带，往往会在春季时突然悄悄萌发，自播后又消失不见。

这些植物生存的秘诀在于超强的播种能力。它们可以在不与后发的、寿命更长的多年生植物竞争的条件下，实现自我扩散、繁衍、播种。我们应该更多地运用这类植物。

（左图）丛林银莲花是林地植物生长模式的典型代表：开始时扎根缓慢，极少扩散；一旦扎根后，就会大面积扩散。此类植物可能难以在林地边缘或管理严格的环境中生存，因为这些环境中的光照水平较高且干扰频繁，会降低它们的生长速度（在花园中也是如此），它们需要在荫蔽环境下单独种植。

（右图）粉红色的惠利氏黄水枝（*Tiarella wherryi*）点缀在拥有灰绿色叶片的美丽荷苞牡丹和拥有皮革质叶片的欧洲细辛（*Asarum europaeum*）中。这三者都是林地植物，一旦扎根便能够大面积地垫状生长，细辛属植物因其出色的地面覆盖能力而备受青睐。

（左图）匍匐筋骨草（*Ajuga reptans*）是一种生长于北欧潮湿环境下的低矮植物。几年前它开始出现在位于霍美洛的奥多夫花园中，这是一个受人欢迎的意外来客的典型例子。它在花期较晚的多年生植物中缓慢扩散，春季开花，并带有经久不落的古铜色叶片。

（右图）垂铃儿（*Uvularia perfoliate*）是一种原产于东亚及北美的林地植物，扎根缓慢，而且仅在腐殖质丰富的土壤环境下才能茁壮生长，正因为这个习性，反而令它名声大噪。实际上当根系稳健后，它们便可以坚韧地长期存活下去。春季是其生长活跃期，但夏季可能会由于干旱引发根系问题而死亡。

（3）常绿多年生植物

　　一些耐阴的林地植物拥有坚硬的叶子，这些叶子要么数年常绿，如山麦冬属，要么可以持续一整年，仅需在每年春季重新播种，如铁筷子属、薹草属和地杨梅属植物。无论哪种类型，它们总会尽可能扩大光合作用面积，尽情地沐浴在冬季和早春的阳光中。部分此类植物被广泛用作地被植物，但也许可以更富创造性地与其他多年生草本植物组合种植。薹草属、地杨梅属、麦冬属和沿阶草属草类植物也是良好的地被植物。实际上，在远东地区，麦冬属和沿阶草属被广泛用作被已有数百年的历史，它们在气候条件相似的其他地区，如美国东部各州亦有应用。其中大部分在与较大的多年生草本植物的激烈竞争下也能很好地存活，因此可将其用作低层植物，夏季几乎不显现，在多年生草本植物衰败后才出现。麦冬属和沿阶草属在欧洲的长势较

慢，但也可以发挥同样的效果。薹草属和地杨梅属的长势较快，这两个属的植物在植株大小和生长速度方面差异巨大，因而拥有无限的应用潜能，有待人们加以探索。

3.3.2 初夏——不止有绚丽的月季

　　一般而言，从春到夏，多年生植物在花园中的结构性应用会更加丰富。初夏的花园多为一个个点缀着鲜花的"绿色小丘"。随后的生长中，植物渐渐失去形态，甚至有些凌乱。此时正是"填充植物"发挥效益的时候了，鉴于很多园艺师对生长初期关注较多，而后期关注较少，因此大量种植填充植物成为趋势，为了余下季节的景观效果，减少了部分趣味性的结构。一些填充植物，如天竺葵及变种蔓延生长，从而抑制或干扰花期较晚的后发植物。专业设计师需要保持理性，不要被天竺葵绚丽

的色彩所迷惑。

相较于天竺葵，初夏的种植设计中月季更是处处可见。在欧洲园林主流文化中，为营造初夏绽放的第一丛花（往往是一些古老的观花植物）的景致，种植设计会做出很多牺牲。除了将它们种在除草剂处理过的裸土中，任其自然生长的糟糕做法，应该用什么植物与它们搭配呢？显而易见，我们会选择与月季不存在竞争的多年生植物，这可能是天竺葵属植物受欢迎的一大原因。像薰衣草这样的亚灌木也是很好的选择，但是它们不适合寒冷的大陆性气候地区。植株高大、花期较晚的多年生植物或草类植物与月季混植效果不佳，因而可供设计选择的、花期较晚的植物非常有限。

月季的结构性很差——大多数都是无明确形态的一簇——皮特多年前就曾说过月季"叶子品相很差"。此时开花的其他灌木，如山梅花属（Phila-delphus）或溲疏属（Deutzia）在这方面也不佳，此外还需要小心翼翼地种植，以免影响叶片发育，

但它们香气迷人。一旦处理好这些限制条件，初夏的种植设计就会变得非常简单：只需等待花期较晚的多年生植物应期抽叶开花就好。此时开花的还有少数植株较高、结构良好的多年生植物，如唐松草属植物。一些高度中等的植物也具有良好的结构，但其中许多都需要潮湿的土壤环境，如落新妇属（Astilbe）和鬼灯檠属植物。千日红属植物就是其中之一，它们不仅结构良好，而且形态极具特色，奇特的球状花序使它们在初夏被广泛使用，现在甚至有泛滥的趋势。我们似乎没有其他选择——独尾草属（Eremurus）不错，但对环境的排水要求较高。我们需要发掘更多的植物种类。

那些工作在从初夏至秋季开花不断的气候地区的园艺师们无疑是幸运的。对许多人来说，寒冷的岁末是花朵的终结。但对于干旱气候地区而言，如美国西部、西亚或中亚，初夏之后便可能再无花欣赏了，随后的季节必须依赖草类植物、具有种子结构的植物和耐旱的木本植物等来营造景观。

春夏之交，各种各样的球根花卉与多年生早花植物同时开花。在这个花园中有紫色的地中海蓝钟花（Scil-la peruviana），及后方蓝色的胡氏水甘草（Amsonia hubrichtii）、黄色的穿叶芹（Smyrnium perfo-liatum）、高大的荷兰葱。花期结束后，地中海蓝钟花的叶片变得黯淡。穿叶芹是可越冬的一年生植物，但在稍阴的环境下通常会自播种。

春夏之交，纽约高线公园随处可见葱属植物，包括深粉色的波斯葱（*Allium cristophii*）和白色的黑葱（*A. nigrum*）。这些球根植物非常适合随机点缀。其他多年生植物才刚刚茂盛起来，但生长迅速。

3.3.3 盛夏——避免高温

盛夏的前半段可以清晰地看到植物的结构：水甘草属、腹水草属（*Veronicastrum*）和赝靛属都非常出色，并且它们的结构能保持至种子时期。在较为凉爽的温带气候条件下，盛夏繁花似锦、结构良好的景致可以与夏末和秋季多年生植物的花期相连。英国的园艺师曾经抱怨盛夏的花卉选择非常稀少，除了福禄考属（*Phlox*）和美国薄荷属（*Monarda*）外，几乎再无其他。现在，随着松果菊杂交品种的广泛应用，园艺师可运用的材料越来越多，例如药水苏、马利筋属（*Asclepias*）、刺芹属和美国薄荷属植物等。

在夏季酷热的地区，植物生长缓慢。在夏季又酷热又干旱的地区（如地中海气候地区），如果不依赖人工灌溉，就必须重视植物结构——这就有赖于草类植物、种子植物或常绿灌木。即便在高温且高降雨量的地区（如美国南部、日本南部和中国华东或华南地区），植物也经常会停止生长——单纯因为太热了，叶子会烤焦，任何开花植物的寿命都很短。在这样的气候条件下，花园和景观会变得类似于热带地区，适宜采用垂直绿化的方式。

3.3.4 夏末与秋季——春季的延续

对地中海气候地区来说，凉爽湿润的初秋宛如第二个春天：一年生植物的幼苗萌发，部分球根花卉开花，多年生植物结束休眠后吐出新叶，有时还会开花。在炎热潮湿的夏季气候中，植物生长缓慢，因而出现了一系列能够适宜温暖（而非炎热）、多雨的夏末气候的花期较晚的多年生植物。在东亚地区，此类花卉包括银莲花属（*Anemone*）、囊吾属（*Ligularia*）、油点草属（*Tricyrtis*）、类叶升麻属（*Actaea*）、菊属（*Chrysanthemum*）植物等。初秋是美国草原植物长势最好、效果最佳的时期——还包括大量其他植物，尤其是菊科植物——这就是这些植物在凉爽气候地区中广泛应用的原因。

从初秋到第一次霜冻，不同地区的花园可使用的多年生植物和草类植物丰富而多样，且大多处于生长高峰期，结构效果也最佳。能够选择的植物材料如此之多，以至于在19世纪末20世纪初时，北欧地区的花园常常以草本植物作为岁末的"压轴景观"。我们现在使用的植物品种可能寿命更长、维护更少，但都与此有关。

秋季是种植设计中要面对最大体量的植物材料的季节。许多植物都处在生长的顶峰状态，它们原本就生存在高度决定一切的环境中，如草原上高大的草本植物。所有植物在整个夏季不停地生长，以争取更多生存空间。肥沃湿润的土壤有利于植物抽高，而不肥沃或干燥的土壤更适宜短周期种植，在一定程度上也更易于管理。很多高大的植物的远观效果很好，但不一定适宜近距离观赏，因为它们茎下部往往是光秃秃的或满是枯叶。在传统种植设计中，种植花期较晚的植物遵循"高大植物在后，低矮植物在前"的原则，这会在观赏者的角度形成一个坡面，这至少是处理高大的多年生植物的明智策略。现代种植设计已打破了这一传统，但仍强调植株高度，需要通过不同高度的植物形成对比和差异，否则基本没有什么起伏变化。较矮的草本植物在其中发挥关键作用，但仍然需要其他更低矮的、处于活跃花期或花期较长的填充植物，比如天竺葵。高度中等、结构良好的植物是这个季节的首选材料，而且很多草本植物都符合这一需求。

如何在这个季节处理如此多长势良好的高大植物？下面将介绍一些方法。

（1）"步入式草原"

"步入式草原"是将大量高大的植物聚集在一起——皮特和我曾描述过这一种植效果的神奇之处，一种方式是将它们成块地种植于大道一侧，而异鳞鼠尾粟是一种非常好用的草类植物，它们耐旱且寿命长久，花朵和种子会形成了一层透明的"薄雾"，透过它们可欣赏到'摩尔海姆美人'秋花堆心菊等其他花卉朦胧的姿态。

（144~145页）蓝紫色和黄色的组合是北美地区很多生境中最主要的色彩搭配。受此启发，这个组合为德国赫曼斯霍夫花园的草原景观带来了一年之中最后的亮点。在这座花园里，蓝色的天蓝鼠尾草（ *Salvia azurea* ）和黄色的假金菀属植物（ *Heterotheca camporum var. glandulissimum* ）搭配在一起产生了强烈的视觉效果；图中右侧小巧的深蓝色植物是奔放紫菀，这种植物的高度会产生一种围合感。

另一种更有意思但风险更大的方式是将它们种植于窄径两侧，使人仿佛置身于高草草甸之中。这种方式可以让观者近距离感受高大植被的奇特魅力，但缺点在于它们的茎容易在风雨中弯折，暴露出光秃秃的茎，就像未经打理的野生自然一样。如果能从较高的位置俯视、远眺或从木栈道上看，观赏效果是最佳的。

（2）种植块

可以用低矮植物包围高大植物，或对其进行空间分割，对于结构不佳的植物尤为有效。许多花期较晚的、高大的多年生植物的花叶都集中于顶部，它们本身可能具有独特的形态，但与其他植物组合时，就变作无固定形态的一团。

赫曼斯霍夫花园在大面积范围内采用重复传统的种植块来营造韵律感，以展示典型的肥沃潮湿土壤环境下的草原景观。堆心菊属（*Helenium*）、赛菊芋属（*Heliopsis*）和一枝黄花属的混合种植为花园带来了丰富多样的色彩。花园中还使用了一些一年生植物。草类植物以柳枝稷（*Panicum vigatum*）为主。

图为夏末赫曼斯霍夫花园中蓝色的平光紫菀（*Aster laevis*）和黄色的三裂叶金光菊（*Rudbeckia triloba*），草类植物为柳枝稷。

在荷兰霍美洛，对于秋季而言，最重要的策略是植株不要过高，以免阻挡视线。在道路交汇口的右侧使用了北美腹水草（图中为其种子），和较高的草类植物'透明'天蓝麦氏草，其在绿篱的映衬下更为显眼。

150

（3）露生层

露生层是指具有明显高度优势的植物，它们至少要比周围的植物高出三分之一。例如草原上高达3米的细裂松香草（*Silphium laciniatum*），它们非常显眼，却很容易倒伏。大金光菊（*Rudbeckia maxima*）植株高度相对较矮，但是效果更佳，叶片位置低，花朵姿态挺拔。

- 草类植物。高而直立的草类植物，如'卡尔福斯特'拂子茅以及芒属植物，与低矮植物搭配种植效果很好。
- 体量较大的多年生开花植物。一枝黄花属的一些品种能形成优美的拱形，但许多紫菀属植物没有明显的优良特点，只能作为背景颜色。
- 通透效果的植物。具有通透效果的植物可以给周边的景色带来一种朦胧的观感，有时自身也消失在背景中。

（4）通透性

细长的茎上分布着大量小花或种子的植物在通透性方面优势明显，可以透过它们看到其后方的植物及背景。它们在天空和彩色墙壁的映衬下显露出来，但却不会抢其他植物的风头，或者可以为视野添加一些柔和的色彩。通透性植物是形成景观节律、引导视线的有效植物。柳叶马鞭草（*Verbena bonariensis*）会为景观添加一层朦胧的紫色，吸引翩翩起舞的蝴蝶，但这一景观现已经应用泛滥了。许多草类植物，如巨针茅以及现在应用越来越多的地榆属植物在这方面效果极佳。通透性是一个新概念（我认为是皮特和我首先提出的），并且已日渐

流行。我们希望未来能够在花园种植设计中运用更多优质的通透性植物。

3.3.5 冬季的枯萎与衰败

现在，我们已不再将棕黄色的叶片仅仅视作堆肥材料，并希望尽快清理它们。相对于传统品种，多年生植物（当然还有草类植物）的现代变种的表现效果已改善了很多，越来越多的园艺和景观管理者已经开始欣赏种子和枯叶之美。此外，人们越来越认识到，和许多灌木和乔木一样，一些多年生植物也是良好的秋色叶植物。

入冬前的这段时间不需要大张旗鼓地种植设计，但是，如果要维持一定的效果仍需借助一些方法。许多多年生植物在这个时候看起来并不美观，要么在霜冻中彻底坍塌，要么逐渐枯萎，残枝败叶随风而去。我们最好将它们清除掉，将空间留给那些品相良好的植物。

晚秋及冬季的种子和枯叶在光线良好的时候才会效果最佳。在那些冬日也会晴空万里的地区，这不是问题，高纬度地区的日照时间有限，但效果会非常好。鉴于有些地区的太阳高度角较低且持续时间不长，为了达到这种日照效果，可能需要精确种植。在种植前，先用盆栽的形式将植物放在花园中试测效果是个不错的主意。这种情况还需要结合园路、观赏点或建筑位置来进行设计，才能确保最终效果。

最后，木本植物在冬季的作用不容小觑，尤其是叶形特别的常绿或落叶树种，以及柳树、山茱萸等其他赏枝干的树种。随着多年生植物的最终衰败和清理，冬天的舞台最终都是属于它们的。

露生层植物在深秋时节扮演着非常重要的角色，这时多年生植物生长到了顶峰。霍美洛花园中的加州藜芦（*Veratrum californicum*）就是一个令人印象深刻的例子，其后方是'透明'天蓝麦氏草，虽然高大，但具有通透性。图中左前方为发草，后方为柳枝稷的变种。请注意，绿篱的形状是为了更好地与环境融合。

3.4 典型案例

3.4.1 春季

（1）春季的多年生植物

四月份的地面看起来仍有点裸露，多年生植物和草类植物最先返绿。图中可以看到多种植物，有蓝色的滨紫草，一种夏季休眠植物，有些类似球根植物，能与夏季开花的多年生植物友好为邻。那抹红色的是郁金香。前方左侧两株较大的多年生植物分别是黄绿色的臭铁筷子（*Helleborus foetidus*）和淡紫色的宿根银扇草（*Lunaria rediviva*），它们的花期都比较持久，两者都倾向于播种繁殖，当与长势强健的多年生植物存在竞争时，播种机制将有助于存活。

地点：皮特和安雅夫妇位于荷兰霍美洛的花园。

（2）潮湿的环境

克美莲（*camassia cusickii*）是北美球根植物中的代表，尤其喜欢潮湿的土壤环境，春夏之交开花。蓝色的穗状花序可以与许多灌木、多年生植物，以及图中的紫萁等蕨类植物的红色新叶形成对比鲜明的搭配。球根和蕨类植物都能在潮湿的土壤中茁壮成长。克美莲的叶子形似水仙花，叶片虽多但参差不齐。在这种情况下，最好将其一部分隐藏在蕨类植物茂密的叶片下，其他时候则需要仔细考虑种植位置，花谢后要有比克美莲高大的植物将其遮挡起来。

地点：荷兰霍美洛。

3.4.2 初夏

（1）互补色

　　宝蓝色的柳叶水甘草（*Amsonia tabernae-montana* var. *sailcfoiia*）与黄绿色的黄花艾叶芹（*Zizia aurea*）的搭配可以形成非常强烈的视觉效果，是体现互补色魅力的好例子。前景中的深蓝色花卉是森林鼠尾草。形态上的对比也有助于提升整体的对比，柳叶水甘草笔挺的茎干与黄花艾叶芹的伞形花序形成鲜明的对比。随着时间的推移，柳叶水甘草将慢慢变为庞大的一簇。

　　地点：荷兰霍美洛。

（2）巧用高度

　　轮生前胡拥有非常高大的伞形花序，在高达3米的茎上开满了美丽的花朵。种子可保持数月，直至冬季。其价值不限于此，当人们近距离欣赏时，会透过交叉的纤细花茎看到隐藏在后方的植物。在这个花园中，发草蓬松的嫩茎在各种多年生植物间多次出现，左边是挺拔的粉红色的北美腹水草，以及点缀其中的剪秋罗毛蕊花（*Verbascum lychnitis*）。高大挺立的轮生前胡能够在大多数草本植物中脱颖而出，它能够存活两到三年，花谢后衰败，但会播下许多种子。

　　地点：荷兰霍美洛。

3.4.3 盛夏

（1）形态与颜色的和谐

　　发草为花园打下了基调，朦胧的花穗营造出空灵的背景和野花草甸的外观。与之搭配的药水苏也颇具野趣，特别是当拥有不同颜色和形态的植物混合在一起时。在有限的几种颜色范围内，人的眼睛会下意识地更关注植物结构。草类植物后面挺立的北美腹水草，与点缀其中的淡粉色的剪秋罗毛蕊花（图中左侧）和加州藜芦（图中后方）相映成趣，背景中的'维奇蓝'硬叶蓝刺头（*Echinops ritro* 'Veitch's Blue'）的头状花序和前景中的'夏日美人'花葱的球形花序形成鲜明的对比。植物柔美而和谐的配色营造出美丽宁静的氛围。

　　地点：荷兰霍美洛。

（2）形态大于颜色？

　　这里有一个重要的问题：我们要追求颜色上的柔美与和谐，还是形态上的丰富多变？前景中的'夏日美人'花葱的球形花序在柔和的迷雾般的背景映衬下成为视线焦点。浅黄绿色的'太阳吻'紫景天使周围的其他颜色显得更加鲜艳。现在还不太能看出它的结构，但当深秋来临时，其粗壮的花茎和形态鲜明的种子会给人留下深刻的印象，并且能保持到冬天。花园中运用的草类植物包括滇羊茅（左右两侧）和'高尾'东方狼尾草（*Pennisetum* 'Tall Tails'），后者的高度使其成为非常出色的结构性植物。图中可能看不太清晰，但长期而言，花园中的一些多年生植物非常重要，它们具有直立的花头，且能够形成持久的种子，如滨藜叶分药花、北美腹水草和块根糙苏。

　　地点：德国波恩。

（3）球形花序和菊科植物

　　花葱蓝刺头（*Echinops bannaticus*）的球形花序与松果菊在颜色和形状上形成鲜明对比，尤其在许多草类植物，如发草属和天蓝麦氏草属（*Molinia*）植物的映衬下，效果更佳。'夏日美人'花葱（图中底部）的球形花序与花葱蓝刺头相呼应。蓝刺头属和松果菊属的种子还可以维持一段时间。图中也可以看到一些短齿山薄荷（*Pycnantheum muticum*），它与我们比较熟悉的美国薄荷相似，都有着银灰色的苞片，并且与色彩浓烈的植物能形成很好的搭配效果。

　　蓝刺头属和松果菊属（*Echinacea*）的植物的寿命变化不定。仔细看植物基部，呈现出紧密的一丛，仅具有有限的扩散能力，但在一些花园中，某些变种似乎会大面积扩散。园艺师们在这方面的经验也差别很大，这两类植物都可能会突然衰败。

　　地点：荷兰霍美洛。

3.4.4 夏末

（1）种子迷雾（左图）

这种迷雾般的效果通常是由草类植物的花或种子构成的。多年生植物阔叶补血草带有小小的紫红色花朵，且种子可以持久地附着在植物上，非常适合搭配颜色更深的花卉，例如红叶牛至（*Origanium* 'Rosenkuppel'），或者是其他花期较晚的植物。补血草的基部非常紧凑，使其可以在相对较近的区域内与其他植物搭配种植。后方是天蓝麦氏草和药水苏等草类植物。

地点：伊利诺伊州芝加哥市的卢瑞花园。

（2）朦胧的草（右图）

各种各样的花朵和茁壮生长的草类植物，形成了极具夏日风情的葱郁与生命力。在这张图中，草类植物似乎占据了主导地位，但实际上并没有看起来那么多。因为夏末时草类植物会由较窄的基部向外散开，将开花的多年生植物包围其中，形成宛如天成的效果。右侧的'透明'天蓝麦氏草正是这样的草类植物，其基部较窄，但看起来体量很大。中央黄褐色的是'金穗'发草。

颜色较浅、质地柔软的草类植物可以有效地映衬出颜色更深、形态更加鲜明的植物，比如拥有致密的、深红色花朵的地榆（Sanguisorba officinalis）。轮生前胡的长茎是一种有效的垂直元素，且只需占据很小的空间。其他植物还有短齿山薄荷（中央的白色花卉）、'金发'秋花堆心菊（后方的黄色花卉），以及美国山梗菜（*Lobelia syphilitica*，前景中的粉红色花卉）等。

地点：荷兰霍美洛。

（3）叶子的影响

许多耐阴植物的巨大优势在于，它们高品质的叶子可以弥补夏季花卉的相对匮乏。在这个花园中，青紫色的'詹姆斯·康普顿'单穗升麻（*Actaea simplex* 'James Compton'）即将绽放，它深色的叶子与银色的'严霜'大叶蓝珠草（*Brunnera macrophylla* 'Jack Frost'）形成鲜明的对比，深浅不一的叶色还凸显出叶片形状的差异。大叶蓝珠草和朦胧的'金穗'发草（图中左侧）可在这种尺度下重复使用。前景中隐约可见刚刚绽放的台湾油点草。随着时间的推移，这些植物可以长成一簇，尽管它们需要潮湿但排水良好的土壤环境。这是一种相对新颖的种植设计，其中包含一种"隐身"植物：香车叶草（*Galium odoratum*），一种低矮的匍匐林地植物，最终将填补较大植物之间的空隙。

请注意，这是在瑞典。在高纬度地区，通常可以种植那些在较强光照条件下，甚至在全日照条件下被视作耐阴植物的种类。

地点：瑞典斯德哥尔摩斯卡勒霍曼公园。

（4）发光的草

　　花园中央的草类植物（可能是芒草的幼苗）在阳光下闪闪发光。从夏末开始，许多草类植物才开始真正显现出它们的独特魅力，并会在一段时间后达到最佳效果。后方是羽毛状的宽叶拂子茅，再后面是发草。前景中的红色花卉是抱茎蓼，右侧的粉红色花卉是'暗紫'紫花泽兰（*Eupatorium maculatum* 'Atropurpureum'）。

　　这张照片拍摄于夏末初秋，展现了这个季节的典型景致：红褐色的色调逐渐占据主导地位，各种草类植物有着丰富多样的形态以及从浅褐色到棕褐色的颜色变化。红色或粉红色调的花卉通常会与类似色调的草类植物或者多年生植物衰败的叶子相搭

配。当所有植物完成了一年之中的所有生长阶段开始消亡时，还可以营造出一种"秋天的杂乱"的特殊美感。此外，一定形态与秩序的对比也是非常重要的。

　　霍美洛的这个花境已有25年的历史，一些原始植物种类已经不见踪影，但似乎并不重要，因为花境看上去仍非常漂亮。现存的植物多为多年生植物，且大部分是以无性繁殖的方式扩散。尽管发草的寿命仅有几年，但也能在植株空隙间播种，顽强地繁衍下去。可以想见，存活下来的多年生植物都具有很强的繁衍能力。

　　地点：荷兰霍美洛。

3.4.5 秋季

（1）剪影

　　蓝刺头属完美的球形花序在天空或者颜色较浅的背景下，会形成非常漂亮的轮廓，即便它们的寿命相对短暂，会很快结籽而散裂。蓝刺头属植物拥有非常独特的形态，适合种植在温带地区。右侧是拥有分枝状花序的藜芦（*Veratrum nigrum*），尽管其叶片边缘已经泛黄，但独一无二的褶皱形态仍具观赏价值。

　　这座充满秋意的花园因'白花'抱茎蓼（*Persicaria amplexicaulis* 'Alba'）的花朵而生机盎然，轻盈的姿态仿佛在翩翩起舞。它们的花期非常持久，可能会持续至第一次霜冻。

　　地点：荷兰霍美洛。

（2）多样的叶片组合（162~163页）

　　部分多年生植物的叶片可以经历漫长的秋季而不衰败，甚至会继续生长。在西海岸的海洋气候和地中海气候地区，这种情况很常见，特别是一些老鹳草属植物，如图中叶片带有斑点的暗色老鹳草（*G. phaeum*）。修剪之后再生的嫩绿色叶片与更具大陆气候地区特征的植物（如胡氏水甘草）、前景中具有种子的植物（如硕大刺芹*Eryngium giganteum*），以及左侧正在泛黄的草类植物（如'山纳多'柳枝稷）形成鲜明的对比。右后方宿根银扇草的种子也隐约可见。

　　尽管此时花园中没有花，但是叶片和种子的丰富组合，也可以在相对有限的空间中创造出趣味性的观赏点。

　　地点：荷兰霍美洛。

（3）明与暗

　　在秋冬季花园中，最容易实现的一种景观效果就是将浅色的草丛与深色的、具有清晰轮廓的多年生种子植物搭配在一起。许多深秋的种子植物的最佳园艺效果取决于阳光，但图中的种植设计并非如此。前景中高大的植物是'阳光'大花旋覆花，后方是几种不同的草类植物，右侧是发草，由于其种子很轻盈，因此特别适合展现这种效果。

　　地点：荷兰霍美洛。

（4）经典的秋季花园

　　多年生植物和草类植物在乔灌木的映衬下，很好地展现了秋天的色彩，形成一派浓郁的秋日景象。这个组合的前景中也体现了刚刚讨论过的明暗效果，但是这里的主要影响是阳光洒在多年生和草类植物上造成的，特别是异鳞鼠尾粟和图中左侧的高大的弗吉尼亚腹水草。远景是紫花泽兰，可能并不是特别引人注目，但高大的株形和敦厚感使其成为深秋季节的重要园艺植物，特别适合与木质植物搭配，会形成非常漂亮的轮廓。

　　地点：荷兰霍美洛。

3.4.6 冬季

（1）"漂白"的颜色

冬季来临时，几乎所有的颜色都从花园中消失了。最终显示出的浅褐色和棕色之间的差异变得很重要，而更重要的是植物的结构。发草属植物成为从左到右排列的北美腹水草、药水苏和'紫花长矛'落新妇的绝佳背景。再后面较高的是天蓝沼湿草（*Molinia caerulea* subsp. *arundinacea*），以及外观独特的多年生植物加州藜芦。

地点：荷兰霍美洛。

（2）雪——卓越的平等主义者

雪可以在物理空间上和视觉感觉上减缩多年生植物材料的突兀感，因为在没有木本植物遮挡的地方，所有的植物都覆上了一条白色的毯子。一些多年生植物的确比其他植物更长寿，尤其是像轮生前胡这样的植物，它的茎很粗壮，笔直挺立，几乎没有叶子可以积雪，因而看起来轻盈了不少。与之类似的是背景中笔直的草类植物'卡尔福斯特'拂子茅。下雪时产生的如此迷人的效果，并非源自设计过的植物配搭，而是植物单纯渴望生存的本能。

地点：荷兰霍美洛。

第 4 章

植物的长期表现

　　植物已经进化出了一系列自然生存的策略——不仅仅是针对个体，从根本上说是其基因的进化。这些生存策略会影响植物在花园和其他景观中的生长方式，了解这些策略是我们欣赏和充分利用植物长期表现的关键。

4.1 多年生植物的寿命有多长？

　　用语言描述自然，很少能做到曲尽其妙。我们人类喜欢进行硬性而快速的分类，但大自然却很少如此。理解自然的一个关键概念是渐变，从其中一端的白色通过无数灰度叠加后，不知不觉地变为黑色。以人类认知为主导的语言必须界定一个类别的终点和另一个类别的起点，因此会不可避免地抹杀许多微妙的细节。另外，还存在一种特定的局限，我们仅仅简单地按照植物生命周期的多样性将其划

分为一年生、两年生和多年生三种类型，这是多么的死板，但是似乎所有的语言都无法描述这其中的微妙。

　　许多园艺师都知道，部分一年生植物实际存活的时间会超过一年，而部分多年生植物的存活时间总是长不过三四年。从我进行的研究——部分基于自我观察，部分则通过对富有经验的园艺师的调查（其中66人填写了详细的调查问卷）——来看，

（左图）多年生植物及其周围的自播草类植物。

对于哪些多年生植物是真正的多年生，哪些被称为"短命植物"更准确，园艺师有着广泛的共识。

由于一些多年生植物实际上无法"多年生"，那些希望在种植设计中使用真正多年生植物的行业人士可能会非常困惑。那些推崇多年生植物的人士很少能回应这个问题——没错，他们居然未能回应这个问题，这着实令人震惊。苗圃贸易使这个问题变得更加复杂，这种对于什么才是真正的"多年生"的模糊定义，关系到许多人的既得利益。事实上，苗圃贸易往往由零售园艺中心的批发商主导，他们的许多产品都是见效快但寿命短的植物。但追求可持续性的专业用户和园艺师们想要的是真正长寿的植物，但植物产品的开发商却鲜以此为目标。或者更确切地说，为零售业提供服务的大型苗圃几乎对此毫不关注。专业苗圃在此方面做了更多工作，但却资源有限，皮特本人就是一个例子：多年来他选育了约70个新品种，几乎全部都是天然长寿的植物，包括紫菀属、泽兰属、美国薄荷属、鼠尾草属和腹水草属。

在我们的上一本书《种植设计》（2005年出版）中，对多年生植物的类别进行了大致划分。最近的研究使我们对此有了更为深入的思考，并划分出了一些更细微的类别。有一个问题是，我们已知的大量草本植物根本无法归类到某一个清晰的类别。此外，灌木的种类也远超我们的想象。从进化的角度来看，我们可以假设在植物界，草本植物和木本植物、一年生植物和多年生植物已经完成了好几轮进化，因此出现了植物间巨大的差异，我们没有成功建立清晰明确的分类模式也就不足为奇了。

4.2　寿命与生存策略

在试图了解植物如何在自然界中生存和共存的情况时，生态学家开发出了许多不同的模型，CSR是其中最为成功的一个，它假设了竞争者（Competitor）、压力耐受者（Stress-tolerator）和杂草（Ruderal）三种植物类型。前二者不言自明，而"杂草"则描述了具有机会主义和开拓性生存方式的短命植物的习性特征，例如在短短几周内便可以覆盖裸土的杂草。CSR模型由谢菲尔德大学的J.菲利普·格莱姆（J. Philip Grime）于20世纪70年代开发，为了解植物生存策略提供了一种方式，供我们研究植物在野外或被移植到人造空间中时如何存活与繁殖。这个模型对园艺师的帮助巨大，当我在20世纪90年代中期第一次接触它时，对于它在解释植物习性和指导园艺实践方面所发挥的作用大为惊叹。例如，裸土对于杂草生长非常重要，这就解释了为什么不断在植物之间锄土的传统做法会适得其反，因为锄土反而为杂草创造了理想的生长苗床！在德国，CSR模型被用作不同的种植管理制度的基础，产生了相当大的影响。然而，此模型仍然存在大量被我们误解或没有深入了解的方面，还有太多尚未开发的潜能。

在这里，我将简要概述CSR模型，因为其核心方法论为园艺师和设计师提供了不少实用的概念和分类，同行间关于植物表现的讨论也大多围绕这些专业术语。但我不会做过多的引述。

竞争者的行为确如其名——竞争，它们是拥有丰富资源（充足的阳光、养分和湿润的土壤）环境下的产物。它们能够有效利用这些资源，并通过不断扩大根系和侧枝来实现快速生长和扩散。所有这些生长使它们彼此之间的竞争更加激烈，甚至最终

蓝色的高加索聚合草（*Symphytum caucasicum*）是很强的竞争者，在肥沃湿润的土壤环境中的优势会更加明显——可能比其他观赏性多年生植物都强——而且花期可长达数月。然而多年来，在与血皮槭（*Acer griseum*）根系的长期竞争中，已显势微。周围建筑物的地基也可能限制植物获取水分和养分的能力。这个案例告诉我们，强大的竞争者可能对于良好环境资源的依赖性也非常高，当资源不足的时候，缺点就显露出来了。银色的是'粉色南希'紫花野芝麻（*Lamium maculatum*"Pink Nancy"），一种温和的压力耐受者。前景左侧为血红老鹳草（*Geranium sanguineum*）的叶子，它也是一种温和且耐旱的植物。前景右侧为牛至的幼苗，这种植物几乎不扩散，但在合适的园艺条件下会大量结籽。

相互淘汰。这就是为什么特别肥沃、潮湿的栖息地有时最终会被单一的某种植物所主宰，例如郁郁葱葱的湿地植物、肥沃草甸的草类植物及草原生境中的多年生植物。

　　压力耐受者是太阳辐射（光和热）、水和养分（这三个是植物生长的关键性因素）不足环境下的幸存者。它们缓慢地生长，并尽其所能地保护资源。典型例子包括贫瘠土壤和裸露土地中的草类植物、干旱或多风条件下的亚灌木、干旱岩石土壤上的野花，以及耐阴的多年生植物。

　　杂草的特点是生长快、凋亡早。它们是机会主义者和开拓者，可以在其他植物之间或新环境中播种。它们迅速生长，且消耗大量养分用于开花和结籽；它们通常很短命，但可以通过大量的种子扩散

基因。耕地间的杂草、季节性裸露河岸上的一年生植物，以及许多废弃地或受干扰地块中的植物都属于这类植物。它们中的许多种类（包括人工培育的品种）都是来自干湿季节分明的地区，如地中海和半沙漠气候地带中的一年生植物。

　　从这些角度来理解植物通常很有启发性。但是，它们仅仅是趋势，而非类别。大多数植物并不是单纯的竞争者、压力耐受者或杂草，它们往往同时具有两三种身份。将植物进行严格的类别划分是不现实的。对于现实生活中的种植设计师和管理人员来说，更有参考意义的做法是从植物的关键表现方面进行考量，这也是本书所运用的方法，我也会酌情参考CSR模型。

4.3 植物长期表现指标

对于植物的长期表现，设计师和园艺师可以参考四个关键指标。不同的植物在这四个方面的特征各不相同。

自然寿命：有些植物寿命很长，而有一些则较短，即使在理想条件下也会每况愈下。但凡种植过杂交蜀葵（*Alcea* hybrids）这种英式乡村花园中常用的经典植物的人都知道，它们长到第三年时看起来就会缺乏活力，直挺挺的茎干上毫无萌发新芽的生机。而这正是它们的特征，从基因角度讲，它们的一生从快速生长开始，结种后便会失去活力，并一步步走向衰亡。

扩散能力：一些植物通过营养生长，而非通过播种的方式进行扩散。刚接触园艺的人很快会发现，一些多年生植物会不断扩散，而另一些则保持不变，植株大小也不会有太多变化。

持久性：是指植物持续生长在特定地方的能力。那些认为植物不会移动的人，一定没有种过美国薄荷属的植物——当在某地种下它们后，第二年它们便会出现在相距甚远的地方，而在原种植地却不见踪影了。

自播能力：植物在花园条件下自主播种繁衍的强弱程度。

接下来，我将详细解读这些表现指标，特别是它们对种植设计师和园艺师的参考意义。

4.3.1 自然寿命

一年生、两年生和多年生植物，是我们在最初从事园艺工作时学到的三个术语，殊不知实际上它们只是对不同植物寿命的武断划分。下表说明了一些常见园艺植物的遗传寿命，其中中间一行是预期寿命，下方是一些典型植物。表格一目了然，并且分类之间不存在明确的界限！

我的研究领域主要为表格右侧的内容。令人沮丧的是，关于多年生植物寿命的研究非常有限。园艺师的一个共识是，一些植物在几年的生长过后，总会不可避免地死亡，植物实际生存时间的长短差异巨大。部分植物可以存活三到五年，另一些能够存活的时间更长，但鲜有植物能存活十年以上。环境因素和竞争往往对植物的生存影响巨大。一个很好的例子是我们常见的松果菊，据报道它在野生环境下寿命为五年多一点，而与其同属的淡紫松果菊（苍白松果菊）却可以存活长达二十年。"真正的多年生植物"这一类别下的植物的习性差异很大，但它们之间最重要的区别（见后文的"扩散能力"）存在于是"克隆性"多年生植物（有扩散能力）还是"非克隆性"多年生植物（没有扩散能力）之间。

	短命植物	真正的一年生植物	真正的两年生植物	机能性二年生植物	短命的多年生植物	真正的多年生植物
预期寿命	几个月	一个完整的生长季	两年	两年以上，但每况愈下	三年以上	可能长期存活
代表植物	虞美人	金盏菊	毛地黄	蜀葵	松果菊	安德老鹳草

上图为位于诺福克郡潘斯特索普的花园，清晨的阳光洒在'粉花'抱茎蓼（*Persicaria amplexic-uanls* 'Roseum'）和天蓝麦氏草上。前景中深红色的纽扣状花序是中欧蜂草（*Knautia macedoni-ca*），这种植物的寿命虽短，但可通过大量结籽来延续物种，这就是自播的意义。后方是柳叶马鞭草的种子，这是生长在阿根廷旱季河岸上的一年生植物，其栽培品种可用作短命多年生植物，但往往可以在花园环境中自播。

（172～173页）轮生前胡拥有非常典型的伞形花序。它是一次性结果植物，意味着开花后便会死亡，寿命大致是两三年。但是，它能够在大多数花园中很好地自播，2.5米的株高在冬季的效果非常壮观。

如何判断一种植物是否是真正的多年生植物呢？对于这个问题，我们需要观察植物的基部：如果有明显的芽，芽下方有独立的根系，那么该植物便是克隆性多年生植物，有能力扩散并长期生存，比如粉红色的安德老鹳草或皱叶老鹳草；相反，如果所有的根和芽都像脖子一样连接在一个点上，而且芽下方没有独立的根系，那么该植物便是非克隆性的，不具备自我扩散的能力，寿命较短。植物的根系越纤细，寿命就越短。但是，地上部分与根部的连接点很细，根系很粗壮的植物，却很可能会长寿。对于一些多年生植物而言，植物寿命的长短会因品种而异，这源于遗传的变异。

如果某种植物寿命较短，说明其可能带有杂草的生存特性，很可能是一种先锋物种，只能通过不断寻找植被间的空隙或失序的空间来生存。大多数一年生植物生长于季节性干旱地区，其幼苗在雨季生长，并在旱季以结籽的方式延续基因。短命多年生植物却可以在各种各样的生境中生存，其中有许多是林地边缘植被，如耧斗菜属、毛地黄属，以及松果菊属植物，随着树木的生长或被砍伐，不断的

变化才是这些不稳定生境中的主旋律。另外还有一些是草原植物，如蝇子草属和滨菊，它们的幼苗生长在山坡土壤滑坡或放牧造成的细小的土壤缝隙中。还有一些是湿地植物，如千屈菜和柳叶马鞭草，它们善于利用因水淹或季节性水位变化而出现的裸土。所有这些都是富有活力的植物种类，因此在CSR模型的术语中也被描述为竞争性杂草。

寿命是指植物的预期生命长度。人们有时会将这一概念与成林或成坪速度相混淆，许多园艺师的经验是，如果植物实际生存时间很短，这种植物就会被归为短命植物。但事实上其寿命可能很长，只是扎根速度较慢。于是就出现了下面的矛盾，一些非常长寿的多年生植物在头几年的大部分时间里都会忙于生根，因此叶片数量很少，这些根系将确保其拥有长期的适应力和存活能力，但在它们彻底扎根之前，地上部分的生长很容易受到蛞蝓或干旱的伤害，或被生长速度更快的植物所覆盖。它们的基因中可能带有竞争者和压力耐受者两种成分，比如产于欧洲中部干旱地区的野花紫花白鲜（*Dictamnus albus*）就是一个很好的例子。此外，赝靛属植

（左图）欧耧斗菜（*Aquilegia vulgaris*）是多年生非克隆性植物的典型例子。该植物已生长了数年，但芽没有自己的独立根系，地上部分和地下部分的连接点只有一个。

（右图）图为年幼的皱叶一枝黄花（*Solidago rugosa*），拥有庞大的芽和根系，右侧还长出了一些新的枝芽。每一个枝芽都有独立的根系，因此即使这簇植物被破坏，也可以变成一株单独的植物，因而属于克隆性植物。

柏大戟是一种臭名昭著的扩散性植物，会在距亲本植物约20厘米远的地方抽芽。这使得它们可以成为很好的填充植物，即使项目中存在可能与之竞争的较高的植物，它也能很好地完成填充任务。新抽芽的植物是白花䕥靛。

物（重要的草原植物，最初几年生长得非常缓慢，一旦扎根后就会非常长寿）以及草原草类植物异鳞鼠尾粟也都是这类植物的典型代表。

花园用途

许多在园艺中广泛应用的多年生植物确实应该被归为"短命多年生植物"类别。那么，种植它们的意义是什么呢？一年生和两年生植物将更大的精力和能量投入到花上，确保自己的种子得以延续，因此它们的外观往往很具吸引力，特别是它们的花期通常比多年生植物更长。短命多年生植物也是如此，它们在花、种子和持续性、扩散性的生长之间进行权衡。其中很多植物姿态美丽、色彩艳丽，成为当仁不让的种植材料。对于私家花园或管理严格、资源充足的公共空间来说，这些植物可能是很好的选择；但对于想要做长期规划或预算，以及资源有限的花园而言，此类多年生植物在种植计划中的比例不应过大。

自播是赫里福德郡蒙特佩里乡村花园（Montpelier
Cottage， Herefordshire）中植物繁衍的主要方
式。采用自然的方法引入活力物种，以形成较高的
植物密度，最大程度减少杂草的渗透。初夏时节，
各色的欧耧斗菜（前景）、银叶老鹳草，以及不断
扩散的'超级'拳参（右侧）组合在一起，形成美
丽的画面。

夏末，蒙特佩里乡村花园中种植的植物有前景中的柳叶马鞭草（一年生或短命多年生植物）和乡村花园中的传统植物蜀葵（*Alcea rosea*），它们可以在各种土壤条件下自播种。黄色花朵的是金光菊（*Rudbeckia laciniate*），这是一种扩散性极强、极富竞争性的高大的多年生植物，仅适合种植于需要展现植物蓬勃活力的花园中。

4.3.2 扩散能力

稍有经验的园艺师会发现，一些多年生植物有着颇具侵略性的扩散倾向。柏大戟就是一个很好的例子，一些园艺师后悔曾经引入这种植物材料，而另一些园艺师却发现它们的扩散能力非常有用。同样，植物扩散能力的强弱也没有明确的界限，生态学家们进行过粗略的划分，存在着从不会产生分枝到在一侧扩散，再到一年之内能够萌发很多新枝芽的梯度变化。因此会涉及一个专业术语——分株，是指将植物从根、茎基部长出的小分枝分离为数株独立的植物。

植物在分株繁殖能力方面存在巨大的差异。部分多年生植物会产生一些非常长的分枝，可达数十厘米，例如圆苞大戟（*Euphorbia griffithii*），因此在植株成丛之前的数年间，一直以散枝的形式存在。另一些多年生植物，如安德老鹳草，每年产生几厘米长的分枝，从而形成稳定扩散的植物组团。还有一些多年生植物生长得更为缓慢，如光茎老鹳草。因此不同植物分株后形成独立的新植株的时间各不相同。例如拟美国薄荷（*Monarda fistulosa*）可能只需一年，但光茎老鹳草只有在受到损害后，

残存的枝芽才会作为分株延续下去。斑点过路黄（*Lysimachia punctata*）是一种极具侵略性的扩散植物，也是英国老式乡村花园中最为常见的植物材料之一，一旦种下，或者哪怕只是随手丢在路边，它也会一直繁衍下去，既会产生大量数厘米高的分株，也具有较长的持久性，这意味着它可以形成一丛不受其他植物影响的致密形态。

生态学家将植物扩散划分为密集型和游击型两种。密集型是指亲本植物向所有方向扩展，游击型是指零散的枝芽出现在距亲本植物一定距离外，且仅在周围竞争较少时才形成丛簇。园艺植物中的游击型扩散植物相对较少，传统园艺师甚至将这种扩散趋势视为不正常的问题。但今天，我们可以利用这种扩散方式的潜能，借助植物的这一特性来覆盖植被间的裸露地面。

具有扩散能力的多年生植物是典型的竞争者，它们努力扩展自己占据的空间，以牺牲其他植物为代价进行扩散。在园艺环境下，它们往往为长寿植物，复原能力强，并能阻止杂草渗透。一些扩散性较强的植物能够迅速填补空间，这是一个很有用的特征。但也有许多人对这种特性表示担忧，因为它

短齿山薄荷是一种扩散能力极强的克隆性多年生植物,图中左侧可以看到其新萌发的枝条。其余部分是具有独立根系的新芽，在下一年中，新芽也将萌发长出枝条，并继续萌发新芽。

初夏时节，从发草属植物中间冒出的植物是圆苞大戟，这是一种不稳定的游击型扩散植物，于六月开花，极具特色的形态使之能够在其他植物中脱颖而出。后方的荷兰葱是在许多花园中反反复复用到的植物，在轻质土壤下会自播繁殖。

们就像"杂草"一样。然而，有一些扩散迅速的植物却不是强大的竞争者，当面对其他植物的竞争时会迅速消亡。柏大戟（典型的游击型植物）就是一个很好的例子：在野生环境中，它展现为草类植物和野花中的植物组团；而在园艺环境下，则往往无法与较高的植物相竞争。那些能够形成稳定扩散的致密的植物组团，例如老鹳草属、紫菀属和一枝黄花属中的许多植物，可以有效阻止杂草渗透，且复原能力强，因此可以作为长期种植中的骨干植物。随着时间的推移，它们形成的庞大组团会成为花境的主角，寿命较短的自播植物或非克隆性多年生植物的生存也会受到威胁。在这种情况下便需要人为干预将扩散植物组团分开，为其他植物腾出更多空间，以保证植物多样性。

花园用途

　　传统意义上，快速扩散性植物被认为是花园里的"暴徒"。然而，鉴于上文所述，它们的这种习性特征是问题还是优势，取决于它们竞争力的强弱，问题在于我们在这方面并没有太多数据。尽管如此，园艺师可以通过观察，并基于他们自身的经验进行判断。持久性较差、长势较弱的快速扩散性植物，在填充较大植物之间的空隙方面可以发挥重大作用；而在需要有效抑制杂草、低维护的环境中，则主要利用持久性较强，能够淘汰周围其他植物的扩散性植物。在植物数量不多的分散布局的花园中，游击型扩散植物能够以类似于自播植物的方式形成一些漂亮的自发效果。以这种方式扩散的植物大多不能形成组团，因此能够很好地与其他植物共生。

4.3.3 持久性

一些多年生植物具有长寿的潜质，但在园艺条件下往往无法存活很久。于是，人们开始怀疑它们是否在野生环境下也同样如此，如美国薄荷属和蓍属（Achillea）的一些植物，它们的抽芽位置变化不定，但通常只能存活一两年。如果它们的新芽生长条件欠佳，或遇到其他问题，便会快速消亡，但这并不能说明它们是天然的短命植物，而是说明此类植物的持久性较弱。它们可以被视为竞争性杂草，因为它们在不断拓展新的领土。这些植物在园艺环境下的存活时间差别很大，土壤、气候和植物本身的克隆性都会影响它们的寿命。冬夏分明的大陆性气候往往有利于许多美国薄荷属和蓍属植物的生存，相反，海洋性气候地区冬季寒冷和潮湿的天气则不利于它们的生长。

还有一些多年生植物扩散的速度较慢，但倾向于从中央向外围扩散并逐渐死亡，因此会在团块中间留下一片空隙。西伯利亚鸢尾就是此类植物的典型代表。旧的组团逐渐分散开来，但由于种种原因，却似乎具有竞争者的种种特征，即便如此，它仍不失为一种很实用的材料，可用于大多数环境下的长期种植中。

大多数克隆性多年生植物的生长具有极强的持久性。其中最持久的是在地下或地面形成半木化的植物。有些甚至得被归为非克隆性植物，因为它们似乎没有能力自发形成新的独立植株，代表植物为景天属的草本植物，如八宝景天和紫景天。其他的

则具有明显的克隆性植物特征，但不同的是植株的分离可能需要很长时间，甚至达到十年以上，例如北美腹水草。坚实的木质基部会让人联想到许多灌木丛底部的板状结构。具有这种结构的植物可以存活数十年，甚至在野生环境下，一些组团可以存活数百年。

要搞清楚一种植物是否具有这种基础结构并不容易，因为植物地面附近的枝条总会相互缠绕。春季是观察此类植物结构的最佳时期，轻轻拨开植物顶部的土壤，如果植物有木质基部的话，翻土的时候会有明显的感觉。

许多丛生草类植物，如发草和天蓝麦氏草，也具有很强的持久性。它们有一个特殊的习性，即可以循环利用营养物质，它们的枯叶会在植物周围形成覆盖物，逐渐腐烂释放营养物质，从而促进新芽萌发。某些野生的丛生草类甚至能存活数百年之久。

多年生植物的持久性越来越差对园艺师来说似乎不是一件好事，对于现代园艺而言也确实如此。然而，这些植物当中有很多在传统草本花境中发挥了重要作用，并且如今仍受到重视，这主要归功于许多美丽的植物可被用来培育丰富多样的园艺杂交种。其中，荷兰紫菀（Aster novi-belgii）和天蓝绣球的杂交种是非常重要的植物材料，它们能够进行一定程度的扩散，但持久性很差。严格来说，它们属于竞争性杂草，它们的祖先生长在不稳定但却肥沃的生境上，如林地边缘、河岸、溪边以及其

（左图）持久性较强的多年生植物形成了紧密的一团，这一形态可以保持多年。
（右图）持久性较弱的多年生植物则迅速分裂成小块。这两者之间即存在形态差异。

六月下旬，白花赝靛与柏大戟，以及草类植物细叶针茅的组合。像其他北美草原的植物一样，白花赝靛的成形很慢，因为它拥有一个庞大的根系，所以寿命很长。

他不稳定的沿海或湿地。在这样的条件下，持久性反而成了劣势，进化也推动了这些植物的演变。作为园艺植物，它们需要的是高产。传统观点认为，每两到三年需要对它们进行分割和重新种植，以保持活力，但实际上主要取决于栽培品种本身。扩散很缓慢、只能依赖播种来繁衍的植物也同样颇受欢迎，例如生长在非常肥沃但经常发生迅速变化的山区林地中的翠雀属（*Delphinium*）和乌头属植物。

在园艺环境中其组团会迅速失去活力，因此需要播种才能让它们继续生存。

花园用途

扩散缓慢但持久性强的植物在园艺师和设计师眼中的价值是显而易见的。它们可以成为长期种植中的主要力量，通常不会出现几年后需要加以控制的问题，对于持久性强、扩散迅速的植物来说可能

持久性强的多年生植物可长期生长，并在同一位置维持多年。左侧的'詹姆斯·康普顿'单穗升麻扩散速度非常缓慢，但可以形成密集的芽和根。右侧的血红老鹳草的生长速度和扩散速度相对较快，从图中可以看出其拥有坚固的几乎木质化的根部，体现出较强的持久性，因此它可以形成紧密的形态，且不容易衰败。

也是如此。但是后者可以很容易挖出和分株，非克隆性或扩散非常缓慢的持久性强的植物的分株却很困难。

除了管理程度较高的私家花园或资金充足、有专职人员维护的公共花园之外，持久性较弱的多年生植物在其他花园条件下的应用价值有限。不过，它们当中的一些植物会产生跨度很大的遗传变异，而这可能也是它们被用于栽培育种的原因之一。这里所说的遗传变异不仅是指花色和花期的改变，还包括习性、株形、生长速度和活力等方面，因此也意味着它们具有更广泛的持久性。例如天蓝绣球及长势强健的阔叶福禄考（*Phlox amplifolia*），为那些不仅关注花卉品质，同时也希望提高植物持久性与活力的苗圃经营者提供了更多选择。

4.3.4　自播能力

一种植物能够在花园环境下自播，说明其长势旺盛，生长得很"幸福"。寿命较短的植物的适度自播能够很好地营造出花园氛围，即使是人为制造的也可以说是健康良性的生态系统。然而，如果植物自播过于激进，并开始与其他植物竞争，或者在其他方面出现问题，那么很可能会带来大麻烦。不过，长寿和持久性强的多年生植物的自播率往往较低，因为它们是竞争者，通常具有庞大或坚韧的根系，如果自播率无法维持在一个非常低的水平，就可能导致问题。

有些园艺植物是令人棘手的播种者，它们的种子散播得到处都是，有时甚至变成了杂草。植物的营养扩散或多或少是可预测的，但自播却难以预测，它取决于诸多因素，如土壤类型、温度和湿度等。

一个众所周知的规律是，植物的预期寿命越短，产生的幼苗就越多。两年生植物会大量结籽，但如果发生大规模萌芽，那将是一件非常麻烦的事，毛蕊花属植物因其幼苗会像地毯一样铺满所有可用空间而令人头疼。具有相似习性的还有硕大刺芹，俗称"威尔莫特小姐的幽灵"，由20世纪初的英格兰女植物学家而得名。据说这位女士曾偷偷地将种子散落在她到访过的花园中，而这种植物则成了困扰花园主人的永久"幽灵"。一些短命多年生植物，如欧耧斗菜也经常会产生大量的幼苗，但很少达到与上述几种植物同等的规模。

两年生植物和短命多年生植物不会进行生长扩散，因此单个植物欠缺与其他植物在空间上的竞争能力。而另一方面，具有营养扩散能力的强竞争性植物通常无法产生很多种子。许多能够大量结籽的短命植物在水平和垂直方向上占据的空间都很小，因此它们在空间上向相邻植物扩张或与之竞争的能力相对有限，耧斗菜属和毛地黄属的很多植物都可以与真正的多年生植物和谐共生。但并不是所有的

（左图）在粉红色的'巨型雨伞'紫花泽兰和猩红色的'雅各布·克莱恩'美国薄荷（*Monarda* 'Jacob Cline'）前方的是粉红色的'霍美洛'药水苏。紫花泽兰是长寿的、持久性较强的植物，但成丛的过程缓慢；而美国薄荷在其高移动性的组团能扩展到新的领地的情况下，可以生存很长时间，因而持久性较差。

183

五月，龙骨韭（*Allium carinatum* spp. *pulchellum*）和草类植物墨西哥羽毛草共生。草是短命植物，寿命通常为三年，但在大多数花园环境中，都可以大规模自播。龙骨韭可在铺装裂缝中进行自播，这是常见的一种自播环境。

此类植物皆如此，拥有致密根系和匍匐花茎的马其顿川续断或多穗马鞭草就是例外。

在种植设计中，是否可以仅凭自播植物的播种能力就将它们视为永久性或半永久性的植物材料，是值得怀疑的。在养护更加密集的小型花园中，或许可以更多地应用它们；对于较大的场地，可在花园成形后使用一些。关于植物自播水平的知识从未被系统地整理过，已有的记载多是轶闻趣事。虽然短命自播植物在种植设计中可作为次要成分加入，但它们能否作为长期种植的组成部分，很大程度上取决于管理人员的技能、经验和知识。皮特曾说过，"在种植设计中使用两年生植物和生命力较强的自播植物方面，我有自己的原则。首先，我极少使用它们，仅将它们作为已成形的花园的点缀，在这种环境下，可供它们生长的空间很有限，通过竞争就能有效地控制它们的数量。"

花园用途

由于自播的不可预测性，我们难以在这方面提供太多的管理策略。大多数多年生植物在轻质土壤条件下的自播效果更好，也有的会在砾石等矿物质覆盖物中产生大量幼苗，但归根到底，园艺师必须观察和了解植物的习性，从而判断其自播水平。对短命多年生植物以及扩散能力不强的长寿多年生植物来说，适度的自播确实是一大优势。长势过旺的自播植物也会带来问题，在极端情况下甚至需要对它们进行清除。然而，随着时间的推移，植物逐渐成熟，长寿植物逐渐扩散并垄断空间和资源，可供短命杂草生存的裸露土地将逐渐减少。这些植物在早期很善于发挥自身的优势，但除非得到园艺师的积极管理，否则它们必然将随着长寿多年生植物的逐渐健壮而慢慢减少。

‘诱惑’松果菊（*Echinacea purpurea* ‘Fatal Attraction’）生长在荆芥叶新风轮菜中，后者有效地填补了松果菊之间的空隙。随着时间的流逝，松果菊会逐渐消亡，尽管在某些情况下也会自播繁衍。松果菊的花朵特别靓丽，非常受欢迎，人们普遍认为，花朵的美丽可以弥补其寿命不长的缺陷。

八月的霍美洛花园，背景中是'雪球'紫花泽兰（*Eupatorium maculatum*'Snowball'）与抱茎蓼。紫花泽兰成形的过程很缓慢，而抱茎蓼的速度则相对较快。同大多数长寿的多年生植物一样，它们都可以在花园环境下适度自播，但是播种能力非常有限。

4.4 给多年生植物进行分类，还是任其自然生长？

园艺植物，尤其是多年生植物，很难加以归类。它们会随着时间的推移表现出多种不同的习性，因此我们需要对它们的多样性加以总结和利用。实际上，最好的方式是能够总结出一系列变化规律，下面我给出了一些关于植物表现方面的建议：从短命到长寿，从无法进行生长扩散到侵略性扩散，从稳定持久的丛生性到不断分裂，最后还要考虑多年生植物在园艺条件下自播的巨大差异。

这些变化梯度之间存在关联性，需要进行大量研究以加深理解。我们还可以将这些变化规律相结合，形成网络。

这种描述植物表现特征的总结在设计种植方案时非常有帮助，并且在该领域还有巨大的空白有待继续研究。然而，植物永远不会是一成不变的，这可能也是它们具有吸引力的原因之一。就当前来说，我们不如放弃对它们进行分门别类的想法，因为即使进行了分类，也避免不了面对诸多的"如果"和"但是"，以及无数的特例。相反，让我们试着考虑某种植物在一系列变化梯度上的位置，这也是我们在本书末尾的植物目录中所做的。从根本上来说，最重要的是享受植物，接受时而令人感到迷惑的自然的复杂性，并将之视作我们工作中的乐趣。

	低持久性	中等持久性	高持久性
低扩散性	锈点毛地黄	银叶老鹳草	紫景天
中等扩散性	天蓝绣球	西伯利亚鸢尾	安德老鹳草
高扩散性	拟美国薄荷	柏大戟	斑点过路黄

当前在园艺和景观中常用的三种草类植物分别是'透明'天蓝麦氏草（左上）、'山纳多'柳枝稷（右上）和异鳞鼠尾粟（前景）。它们的扩散速度各不相同，柳枝稷最有可能形成组团，天蓝麦氏草是真正的丛生品种，不会在其丛簇以外的地方生长。最前面的是多年生植物短齿山薄荷，在其原产地美国是典型的侵略性扩散植物，但在夏季气候凉爽的地区，活力大大降低。

第 5 章

当代种植设计趋势

在自然界的启发之下，种植设计师们正在创造种苗和种子的混播组合。在这章中，我们将对欧洲、北美洲及亚洲的同行们正在运用的一些方式予以介绍，这些方式都取得了令人欣喜的效果，并有清晰可循的步骤。

种植设计具有很强的时代属性，因为不同的时代有不同的喜好。如今已有很多种不同但相关的方式将多种植物混合在一起，创造基于多年生植物的混播组合。过去的设计注重植物排列位置的精确性，旨在创造自然植被的表观自发性。设计师们的设计不是画一张平面图，他们的设计对象是一群植物，换言之，他们是在创造植被。

（左图）芝加哥沙利文拱门花园。

图为位于英格兰和威尔士边界处的赫里福德郡的一处花园，这是八月份的花园景观。景观设计师诺埃尔·金斯伯里采用了常运用在公共空间的高大的草本植物组合。针对该地区生长季长的特点，他选择了非常强健的植物，以减少肥沃土地上的杂草竞争。黄色的是美丽牛眼菊（*Telekia speciosa*），淡紫色的是阔叶风铃草，红色的是抱茎蓼，前景中淡粉色的是安德老鹳草。

图为清晨中的草甸，由卡西亚·施密特（Cassia Schmidt）为干旱或半干旱的土壤所做的设计，位于德国魏恩海姆的赫尔曼霍夫。粉色的是'岩顶'田纳西松果菊（*Echinacea tennesseensis* 'Rocky Top'），暗紫色的是灰毛紫穗槐（*Amorpha canescens*），草类植物是墨西哥羽毛草（*Nassella tenuissima*），粉红色的是布什蔓锦葵（*Callirhoe bushii*）。

5.1 随机化的种植

随机化种植的理念乍听会觉得十分奇怪，因为这种方式可以说是完全违背设计的要义，与之极为类似的是野生植物群落。自然界中的野花草甸或草原看似都是随机的，然而事实并非如此，生态学家的研究指出，植物以何种方式、何种原因聚集在一起，都会依循一定的聚合规则。刻意创造的随机组合本质上也是一种设计，是根据特定设计目标，如株距、特定季节的色彩或高度表现要求等选择植物。一个好的随机组合通常具备不同的结构，使之可以适合各种空间。这种混播组合是模块化的，可以应用到成千上万平方米的范围中。

也许是因为同行相轻，一些设计师会抵触这样的设计理念，但是多数混播组合并非是由设计师设计，而是由种植专家、企业家或是苗圃商创造的。但其中更关键的原因是，任何模块化的方式都会被视为批量生产，而且向"设计应该针对特定地块而开展"这一几乎已成定律的认知发出挑战。但是，这种随机化种植是另一种民主的表现。正如工业化生产的家具可以为人们带来曾经无法负担的优质设计，但却使那些富裕而追求个性的人大为懊恼。地方政府、非营利组织、社区团体、私家花园园主等群体，他们曾经可能无力负担一些大尺度的种植设计，但随机化的种植方式为大规模的种植设计带来了可能性。

许多商业项目都倾向于压缩景观部分的支出。而且项目都会先进行建筑建设，再进行景观种植，如果成本一旦超支，就会削减景观部分的预算。因为成本的削减，种植效果不得不打折扣，但随机混合种植的方式可以创造出更具视觉趣味性、可以随季节不断变换的景观，且具有生物多样性。更关键的是，这种视觉上更丰富的植被类型，可以消除过去曾安在景观专业头上的"绿色水泥"这样的坏名声。

野花草甸组合最初是由英国和德国的同行在20世纪70年代开发的。同一时期，美国中西部有人引入了随机性的概念，并采用播种的方式创造了草甸组合。谢菲尔德大学的詹姆斯·希契莫夫和他的同事参照自然界的模式，并加入播种的方式来创造植物组合。这种应用随机混合创造种植组合的方式由德国的沃尔特·科博（Walter Kolb）和沃尔夫拉姆·柯彻（Wolfarm Kircher）在20世纪90年代的时候首次提出，第一个应用于公共空间项目的"银色夏天"于2001年展示在世人面前。自此之后，德国和瑞士的多个教育和研究机构开发了20多个"混播组合"。一些园艺和景观设计师，以及个体苗圃也尝试开发混播组合。

在下文中，我们将介绍一系列随机化种植的方法，并详细介绍迄今为止影响最为深远的德国"混播组合"。

5.1.1 丹·皮尔森——模块化种植试验

丹·皮尔森（Dan Pearson）是英国享有盛誉的一流花园设计师。除了对于种植有着与生俱来的天赋，他的成功主要归功于丰富的知识和个人经验，植物和花园是他生命不可或缺的一部分。野生群落一直是他的灵感来源，他年轻时就发现了西班牙北部欧罗巴山脉中的石灰石草甸。他早期曾任职于耶路撒冷植物园，这使他了解到许多中东地区绚丽的开花植物。他后来也在持续不断地搜寻各种野生植物群落。正如很多其他从业者一样，他也一直在处理设计与实施效果之间的微妙差异，并不断通过种植和试验来证实、测试这些植物搭配。其中一个项目使他拥有了可以"冒险试验"的机会，但如今看来，这场实验已取得了巨大的成功。

十胜千年森林（2006年）的多年生混播区平面图节选。每一个区块表示的是从A到N的植物混播组合。灌木和大型多年生草本植物构成整个群落的另一个层面，并在另外的图纸中予以说明。

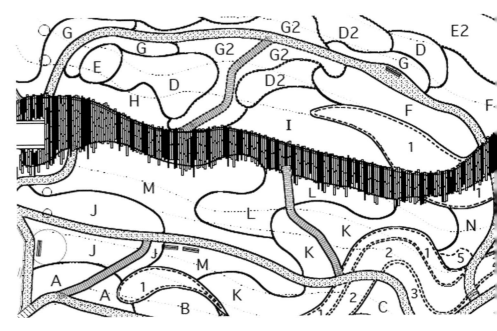

十胜千年森林的草甸花园中使用了混播组合，图片下方的花带是其中一个重复单元或者模块，类似于一片"瓷砖"。心叶总状升麻（占植物总量的20%）、鬼灯檠（*Kodgersia podophylla*，3%）、'白花'细叶地榆（10%）作为露生层，都具有明显的花序。白木紫菀（42%）和'火红'圆苞大戟（*Euphorbiagriffithii* 'Fireglow'，20%）作为空间填充植物，两种芍药（5%）作为点缀。除了芍药和鬼灯檠以外，植物之间的间距均为30厘米。

随图附注将有助于理解：
- 按列重复植物单元；
- 从不同的位置开始重复；
- 采用随机数网格开始新的一列；
- 可以在随机数网站中生成更多的随机数；
在每个混合区中采用不同方向的植物单元。

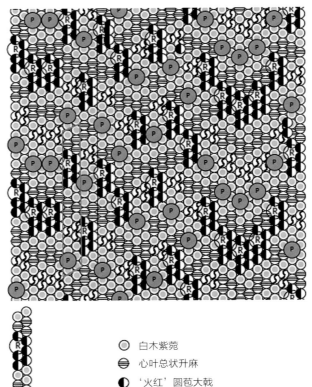

MIX A

○ 白木紫菀

⊜ 心叶总状升麻

◐ '火红'圆苞大戟

Ⓡ 鬼灯檠

Ⓢ '白花'细叶地榆

Ⓟ 芍药属：草芍药60%，高加索芍药40%

194

位于日本北海道的十胜千年森林是一个面积约为240公顷的生态公园，由媒体企业家林光茂（Mitsushige Hayashi）先生投资兴建，旨在抵消其报刊生产所带来的碳排放。这个项目的主体部分是在森林砍伐之后重新恢复的、拥有丰富地被植物的森林景观。皮尔森与景观设计师高野风明（Fumiaki Takano）共同合作，在公园游客中心附近创建了一处花园，迎接四方来客（游客大多为城市居民），"吸引游客进入公园，并使他们逐渐熟悉植物和自然环境"。他们希望游客在探索主体部分之前，能感受到一种轻松的氛围。在这个草甸花园中，设计师采用了一种模块化的种植方式。

北海道与英格兰处于同一纬度，不同之处在于北海道属于大陆性气候，生长季较短（4~9月），冬季寒冷（最低温度零下25摄氏度），夏季短暂且炎热潮湿。这个1.2公顷的草甸花园为了创造出引人入胜的体验，在种植中大多采用非乡土物种，因此可能会存在植物向野外入侵的风险。为了防止这样的情况发生，花园周围设计了由松树、柳树和其他植物组成的绿篱墙，部分植物根系深10~20米，地表覆盖厚实的、无杂草的覆盖物，以最大化地防止种子扩散。花园中设计了14个分区，每一个分区为一个色系，由5~6种多年生植物构成。在不同的分区之间，佛子茅呈线性种植，以免相互混合。"宏观层面设计的关键要素是露生层的应用，包括紫叶蔷薇（Rosa glauca）等灌木，以及白龙虎杖（Aconogonon 'Johanniswolke'）等大型多年生植物"，它们"作为花园中的统一性元素，连接起了不同的分区，使所有的元素都流动起来……正是在这样的构思下，设计灵感不断涌现"。

每一个分区都运用了重复性组合模块，皮尔森将之比喻为DNA链，"……我们设计了一个系统，在这个系统中，一切都是随机的，这意味着同一种植物搭配不会出现两次……这些混播组合将形成各

自独特的平衡与韵律。"他们为客户提供了一个电脑程序，用于生成各种基于重复性模块的种植设计方案。最终的平面图被划分为不同的网格，然后将植物置入地面上对应的网格中。

不同的搭配方式会产生不同的效果。在某个混播组合之中，一些植物会成为优势种，一些会被淘汰，但是绝大多数植物的表现都会很不错，并开始"展现它们自身的变化节律"。

随着混播组合这一体系在德国的逐步发展，每一个混播组合都由几种不同的结构性植物组成，皮尔森将之总结为"露生层植物、平伏层（匍匐类）植物、填充性植物，以及点缀性植物（点缀性植物通常具有强烈的色彩或形态特征）"。

5.1.2 罗伊·迪布利克——种植网格

罗伊·迪布利克（Roy Diblik）是威斯康星州南部的一家苗圃主。他一直是种植设计的先锋人物，是批量性种植美国中西部乡土植物的第一人。他所工作的地区几乎没有将多年生植物作为花园植物的传统，并对植物所需的养护类型和水平存在诸多误区。迪布利克创建了一套被称为"了解养护"的种植系统。迪布利克所在的区域是美国农业部划分的5b种植区（最低温度零下26摄氏度），他所提出的种植系统以一个2.4米×3.7米的地块为试验田，并将其划分为30厘米×30厘米的网格。这个系统通过不断重复模块进行种植设计，他将衔接不同模块之间的植物称为"联动植物"。在他所撰写的一本家庭园艺著作中（参见文末拓展阅读部分），他列出了近40种组合。但是，他也强调这些组合仅仅是一种示范，通过使用他列出的这些组合，未来园艺师们会对根据自己的喜好创建混播组合更具信心。

迪布利克的公共作品之一是芝加哥艺术学院中一处1400平方米空间的种植设计。场地位于建筑物的一侧，从那里可以望见皮特·奥多夫设计的卢

195

十胜千年森林中的草甸花园。深紫色的是'卡拉多纳'林荫鼠尾草（*Salvia nemorsa* 'Caradonna'），白色的是阔叶美吐根（*Gillenia trifoliata*），蓝色的是蓝花赝靛（*Baptisia australis*）。

罗伊·迪布利克设计的种植模块，包括多年生花卉和球根植物。这是他设计的"优雅4号"，可以应用于开阔的场地，所需平均土壤深度在45~60厘米。

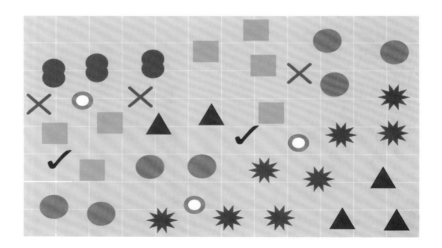

● '喜归来'萱草（7株）　　● '金秀娃'轮叶金鸡菊（3株）　　✓ '致爱丽丝'郁金香（6~8株）

■ '闪亮鲁宾'松果菊（7株）　　✴ '夏日美人'花葱（8株）　　○ '橙色多伦多'郁金香（6~8株）

▲ '维苏威'林荫鼠尾草（5株）　　✕ 深紫葱（3~4株）

瑞花园，迪布利克有意识地把两个花园进行联系。但这个花园采用了网格系统，所以两者之间的区别显而易见。迪布利克曾解释说，他的设计"受皮埃尔·伯纳德（Pierre Bonnard）的画作《人间天堂》（*Earthly Paradise*）的色彩启发，将画作中的色调运用到花园之中"。

5.1.3 混播种植设计

混播种植设计体系起源于德国（与瑞士的整合种植设计体系极为类似），是由公共投入（通过大学和其他高等教育研究机构）推动的种植设计开发与研究，旨在美化及改善公共空间的环境。这一模式令其他国家艳羡不已。种植设计由公共部门来推动的优势之一是可以借助国家层面或者文化领域的优势，堂堂正正地开展种植试验。例如，"银色夏天"这个组合已在德国和澳大利亚的13个地区进行

了测试。

混播组合不仅需要考虑具体的生境条件，也需要考虑视觉特色，尤其是色彩。视觉特色对于营销，以及公众对于此类种植方式的接纳程度尤为重要。大多数的混播组合都位于德国东部的伯恩堡的安哈尔特应用技术大学一带，当地大陆性气候明显，且降雨量低。德国其他地区以及瑞士开发的组合则较少考虑极端气候条件。德国多年生苗木协会对混播组合给予了大力支持，客户可以通过协会成员购买到组合材料。

一个成功的混播组合几乎无需人工维护，类似于一个人工生态系统。生态系统中的植物在有限的干预内就能够形成数十年的和谐共生，且群落整体的延续比个体的存活更重要。在设计混播组合时，通常选择寿命较长、适应性强的植物，但为了在种植初期就能收获景观效果，也会选择一些短命植

图为伊利诺伊州芝加哥艺术学院的沙利文拱门花园六月时的景观，罗伊·迪布利克选用了约60种多年生花卉来创作这一混合花境。浅黄色的是'印加金'欧蓍草（*Achillea* 'Inca Gold'），这是一种相对稳定和持久的植物，粉色的是'霍美洛'药水苏，蓝色的是'蓝星'裂叶马兰（*Kalimeris incisa* 'Blue Star'）。

十月时，异鳞鼠尾粟和丽色画眉草在雾霭迷蒙的清晨尤为突出。黄色的是'维耶特的小苏西'全缘金光菊（*Rudbeckia fulgida* 'Viette's Little Suzy'）。

（200~201页）"印第安夏日"这个混播组合可以应用于干旱和沙质土壤。图中为盛夏时节的景观，黄色的柳叶马利筋（*Asclepias tuberosa*）是一种耐干旱的草原植物，并且是帝王蝶幼虫的食物来源。黄色花朵、棕色花心的是奇异松果菊，前景中的小黄花是剑叶金鸡菊（*Coreopsis lanceolata*），草是墨西哥羽毛草。

"银色夏天"是第一个针对干旱、盐碱土壤条件开发的混合种植系统。图中为曼海姆市街边景观，黄色的穗状花序是俄罗斯糙苏（*Phlomis russeliana*），蓝色的是'纳尔布劳'卷毛婆婆纳（*Veronica teucrium* 'Knallblau'），白色的是'白花'血红老鹳草（*Geranium sanguineum* 'Album'）。

物，因为寿命长的植物往往生长也缓慢。短命植物也可能自播繁衍，但随着时间的推移，当多年生植物占据的空间越来越大时，其幼苗在群落将越来越难以获得生存空间。通过营养繁殖扩散的植物也是如此，例如蔓生植物，矮小的植株更容易被高大的植株所遮盖。

混播组合需要形成一种结构性的平衡，结构性植物、伴生植物和地被植物（详见第3章）是构建成功组合的关键，组合中不一定要有短命填充植物，但可能会包括一些球根和隐芽植物，在一些组合中，这类植物扮演了重要角色。通常来说，一个以夏季景观为主的多年生组合通常包括5%~15%的结构性植物，30%~40%的伴生植物，以及至少50%的地被植物。繁花盛开时是一年之中最美的时候，冬季则需要依靠种子或常绿植物来形成结构性的视觉亮点。花园全年的花期取决于既定条件下可供选择的植物。在一些特殊条件下，例如荫蔽或干旱条

件下，可供选择的花期较晚的植物就比较有限。

阿克塞尔·海因里希（Axel Heinrich）等人在瑞士的伟登斯威尔应用科技大学研发的整合种植系统以一年生植物为主，如花菱草（*Eschscholzia californica*）、黑种草（*Nigella damascena*）、香雪球（*Alyssum maritimum*）等，主要在多年生植物种植设计成形后播种，种子可以迅速萌发，在第一年就能够填补多年生植物之间的空隙，并在第二年自播繁衍。短命多年生植物，例如黄花毛地黄（*Digitalis lutea*）和耧斗菜，是一些组合中的"主角"，它们在组合中的存活时间取决于它们能否竞争得过那些寿命更长的植物。一个新近研发的组合"暗色珍珠"中，甚至使用了灌木无柄黄锦带（*Diervilla sessilifolia*），这种植物每隔两三年便需要修剪至基部。

下表展示了沃尔夫拉姆·柯彻与他的同事在安哈尔特应用技术大学研发的混播组合——"贝恩

堡乡土多年生花卉草甸混播组合"，适用于干旱、盐碱土壤条件下的开阔空间。宿根生亚麻（*Linum perenne*）是一种寿命较短但能自播繁衍的植物，圆叶风铃草（*Campanula rotundifolia*）具有庞大的根系。因此，宿根亚麻可以用作短命填充植物，但最终会被大型植物或其他可以形成密集丛生的植物（如薹草属植物）所取代。下表中的种植密度表示每10平方米中的植株数量。

"贝恩堡乡土多年生花卉草甸混播组合"的季节性观赏点

种植密度		春季	初夏	盛夏	夏末	初秋	深秋	冬季
	结构性植物							
3	黄水苏		■	■				
	伴生植物							
20	山韭			■				
8	圆果吊兰				■	■		
8	'星球'意大利紫菀					■	■	
5	无毛紫菀					■		
8	无茎刺苞木亚种		■			■	■	■
10	紫花石竹			■	■	■		
5	龙胆草			■	■	■		
5	宿根亚麻		■	■				
10	欧白头翁	■						
5	大景天					■	■	■
5	羽状针茅		■					
	地被植物							
5	圆叶风铃草		■	■	■	■		
8	'披头士'四花薹草	■	■	■	■	■	■	■
15	低矮薹草	■	■	■	■	■	■	■
8	委陵菜属植物	■	■	■	■			
5	粉花香科科			■				
5	早花百里香		■	■				
8	平卧婆婆纳	■	■					

观花

观叶

观结构：种子、茎、草花

（204~205页）贝蒂娜·尧格施泰特（Bettina Jaugstetter）为ABB公司商业园区设计的"银色夏天"组合。初夏至盛夏可以看到浓烈的黄色和紫色的组合，有金黄色的'皇冠'蓍草（Achillea 'Coronation Gold'）、橘黄色的'赤陶'欧蓍草（A. 'Terra-cotta'）、紫色的'卡拉多纳'林荫鼠尾草、淡蓝色的'步行者'总花猫薄荷（Nepeta 'Walker's Low'）、球状花序的是'珠穆朗玛峰'花葱（Allium 'Mount Everest'）和'世界霸主'花葱（Allium 'Globemaster'）。

观花

观叶

"贝恩堡荫蔽花卉混播组合"的季节性观赏点

种植密度		春季	初夏	盛夏	夏末	初秋	深秋	冬季
	结构性植物							
3	大叶薹草	■	■	■	■	■	■	■
	伴生植物							
5	舒勒伯紫菀			■				
10	'雪峰'岩白菜或'冰雪皇后'岩白菜	■						
10	宽钟风铃草			■				
3	铁筷子杂交种				■			
10	'弗兰思威廉斯'圆叶玉簪				■			
8	锥花鹿药				■			
	地被植物							
15	铃兰	■						
20	'格特鲁德·杰基尔'小蔓长春花	■	■	■	■	■	■	■
	球根植物							
100	'蓝影'希腊银莲花	■						
50	'白光'希腊银莲花	■						
50	冬菟葵	■						
50	西伯利亚垂瑰花	■						

上表展示的"贝恩堡荫蔽花卉混播组合"也由安哈尔特应用技术大学研发，主要适用于荫蔽环境，包括某种程度上干燥、荫蔽且与木本植物根系存在竞争关系的环境。表中列出了每10平方米所种植的植株数量。开花植物主要集中在春季，因为中欧地区初夏至盛夏时节常常干旱，能在这个时段开花的耐阴植物相对较少，全年的其他时段，植物周围都有着茂盛的木本植物。在气候条件与美国东部或远东类似的地区，如果夏季降雨丰沛，那么可供选择的植物范围会更大一些。

目前，研究者已针对不同的株间距展开了实验。通常较为宽松的株间距（每平方米4~6株植物）是比较合适的。较密的株间距（每平方米8~12株植物）会导致早期的种间竞争非常激烈，并造成较高的死亡率，以致空间会被更具侵略性的物种所占领。如果株间距较大，可以在空隙中临时补种一些一年生植物，正如瑞士研发的整合种植系统，或者种植景天属的小型植物，此类植物的引种只需要简单地将萌发的新枝散布在土壤表面即可（每平方米30克的密度），与绿色屋顶的实施方法相同。

混播种植设计的支持者认为，物种的数量是能够长期存活的保障。市场上售卖的"贝恩堡混播组合"中包含15~19种植物，而"银色夏天"中包含30种植物。虽然植物生态学的相关证据表明，物种多样性可提高植被群落的复原能力，如果物种范围足够广，可以占据各种生态位，那么群落中的缺位或者空隙则可以被填补，但迄今尚无实验证据表明人工植被群落也是如此。

混播种植设计在仅仅只有几平方米的小型场地上的效果究竟如何仍值得商榷。在这种情况下，随机布置植物不太可能，也没人愿意这么做，因为某些特定植物更适合出现在特定的位置，例如低矮的丛生植物比"有大长腿"的植物更适合放在靠前的位置上。物种数量也有限定，如果使用大量的物种，则很难在狭小的空间内形成重复。

混播种植专为广泛维护而设计，可以将整个植物群落视为一个整体进行打理，而非单独针对某一植株给予特殊关照。养护工作主要包括每年年底对死去的植株进行清理，这可以借助割灌机或其他重型机械完成。在德国的实验中，他们还尝试在某些组合中采用生长季除草替代季末清除的方式，这尤其适用于初夏开花的植物以及典型的干旱生境组合。这种方式效仿了欧洲大部分地区传统农业中在盛夏时节除草的做法。它具备多种优势，可以促进叶片新生，促进一些植株重复开花，使蓝壶花属（Muscari）等在秋冬季生长的球根植物获得更多的阳光，降低晚花植物的高度，并利于清理残株。

增加砾石或碎石等矿石覆盖物会相应增加种植成本，但是可以减少杂草的入侵，从而缩减后续维护的开支，这对于不定期维护或者维护困难的公共空间而言尤为重要。对于私家花园这类视觉要求较高的环境，矿石覆盖物可以使景观看起来更加整洁，并能够在植物早期便形成不错的景观效果。

下表总结了截至2011年，已研发的混播种植

混播组合名称及研发机构	外观特征	习性
银色夏天（Silver Summer），AP	中等高度、盛夏绽放、花为黄色或蓝色	耐旱、耐钙化土壤、喜阳
印第安夏日（Indian Summer），HHOF	中等高度、草原植物、多种花色、花期较晚	耐旱，平均日照水平
草原清晨（Prairie Morning），HHOF	同上，但花以蓝紫色为主	耐旱，平均日照水平
草原夏日（Prairie Summer），HHOF	同上，但花以粉紫色为主、较高大	耐旱，平均日照水平
乡土花卉组合（Native Flower Transformations），AN	分散、中等高度、颜色柔和、春夏开花	喜阳到耐半阴

混播组合名称及研发机构	外观特征	习性
奇花异草 （Exotic Flower Transformation），AN	中等高度、花为黄色或紫色	耐半阴或全阴
花境（Flower Border），AN	低到中等高度、花为蓝色或紫色、 花期为春季至初夏	喜阳至耐半阴
异国花境 （Exotic Flower Border），AN	中等高度、花色繁多	喜阳至耐半阴
花影（Flower Shade），AN	低矮、春季开花、 其间点缀多年生观叶植物	林地植物、耐旱、喜湿
花浪 （Flower Wave，夏季无需修剪），AN	低矮（偶见中等高度）、 花色黄蓝相间、对比强烈	耐旱、喜阳
花浪 （Flower Wave，夏季需要修剪），AN	同上，但夏季花色鲜艳	耐旱、喜阳
草甸花卉（Flower Steppe），AN	较矮、花为灰暗的蓝紫色或黄色	耐旱、喜阳，与自然草甸植物相似
异国草甸花卉 （Exotic Flower Steppe），AN	较矮、花为灰暗的黄绿色或蓝色	耐旱、喜阳，与自然草甸植物相似
花纱（Flower Veil），AN	较矮，灰色叶，春季花色较多， 晚期以黄色、紫色、粉色居多	耐旱、喜阳
草之舞（Grass Dance），ERF	低矮的多年生植物或较高的草类植物、 花色较多	耐旱至喜湿、喜阳
法伊茨赫希海姆 花之马赛克（Veit- shochheimer Flowering Mosaic），VT	较矮、花为黄色或蓝色	耐旱、喜阳
法伊茨赫希海姆 花之魔力（Veitshoch- heimer Flowering Magic），VT	中等高度，花以蓝色为主， 晚期为蓝色、黄色或红色	耐旱至喜湿、喜阳
法伊茨赫希海姆 花之梦（Veitshoch- heimer Flower Dream），VT	中等高度、花色较多	耐旱至喜湿、喜阳
法伊茨赫希海姆 色彩游戏（Veitshoch- heimer Colorplay），VT	初期较矮、后期较高、花色较多	耐旱至喜湿、喜阳

混播组合名称及研发机构	外观特征	习性
法伊茨赫希海姆 彩色花境（Veit-shochheimer Color Border），VT	较矮或中等，花为黄色、蓝色或白色	喜阳至耐半阴
夏日的风（Summerwind），WÄD	较矮、花为紫色或黄色、叶片银灰色	耐旱、喜阳
凉爽夏日（Summerfresh），WÄD	较矮（个别较高）、花为紫色或黄色、重要的草类植物	耐旱至喜湿，喜阳
印第安夏日（Indian Summer），WÄD	花色为黄色和橙色、秋天为红色	耐旱至喜湿、喜阳
粉色天堂（Pink Paradise），WÄD	花为深浅不一的粉色	耐旱至喜湿、喜阳
仲夏夜之梦（Summer Night's Dream），WÄD	花为蓝紫色、叶片紫色、重要的草类植物	喜湿
深色珍珠（Shade Pearl），WÄD	中等或较高，花色为黄色、蓝紫色、红色，晚期多为粉色	耐阴、林下植物

注：德国品牌名称缩写如下。

AP=德国多年生苗圃协会研究组。
HHOF=魏因海姆的赫尔曼斯霍夫观景花园。
AN=伯恩堡的安哈尔特应用科学大学。生产的混播组合的品牌名称为Bernburger Staudenmix。

ERF=爱尔福特州园艺学院（国家园艺研究所）。
VT=国家葡萄栽培与园艺研究所。
WÄD=瑞士韦登维尔的苏黎世应用科学大学。

设计系统，资料来源于诺伯特·库恩（Norbert Kühn）的《多年生植物新用法》（Neue Stauden-verwendung）。

混播种植设计体系无疑能创造出令人惊艳的效果，并且在商业上似乎已获成功。2009年以来，参与此类设计方案的苗圃数量急剧增加。本文撰写之时，德国多年生苗木协会中的会员苗圃在为约40个相对成熟的组合（包括"银色夏天"），以及约25个新近研发的组合提供植物材料。一些非会员苗圃也参与其中。这些组合的研发建立在经验性和科学性的方法之上，并通过了广泛的测试。由于其为公共投入的产物，所以这些植物组合被应用于公共空间之中。毋庸置疑，这种理念在东欧国家愈行愈盛，展现出全新的面貌，并且此类公共和私人景观领域已吸引了越来越多的投资。

混播多年生草原种植设计概念由贝蒂娜·尧格施泰特为德国莱茵河谷拉登堡的ABB公司商业园区专门开发的，主题为黄白色调的花园。高大的黄色植物是'黄水晶'秋花堆心菊（*Helenium* 'Rauchtopas'），白色的是白木紫菀（*Aster divaricatus*），银色叶子的是'银色皇后'银叶艾蒿（*Artemisia ludoviciana* 'Silver Queen'）。组合中还用到了'白花'松果菊（*Echinacea purpurea* 'Alba'）、'日出'松果菊（*E.p.* 'Sunrise'）、'日落'松果菊（*E.p.* 'Sundawn'）、'蓝星'裂叶马兰、'白花'蛇鞭菊（*Liatris spicata* 'Alba'）、'高尾'东方狼尾草（*Penisesetum orientale* 'Tall Tails'）、'大花'轮叶金鸡菊（*Coreopsis verticillata* 'Grandiflora'）和秋生薹草等地被植物。

5.1.4 海纳·卢兹和季节性的主题植物

海纳·卢兹（Heiner Luz）的工作也与混播种植设计相关，他是家族中的第三代景观设计师。作为设计专业人士，卢兹能以清晰的术语阐述他对种植组合的想法。他强调"少即是多"这一众所周知的理念，但巧地妙解读为"大面积的统一与局部的变化"，并将其作为公司所有实践的基本原则。他设计的混播种植项目的规模都很大，主要为种植面积为数公顷的园博会项目。在德国，园博会是景观行业和园艺行业的重要组成部分。在持续一个夏季的展会后，场地通常会将优质的基础设施和种植设计作品永久性地保留下来，成为城市公园的一部分——这也是一种城市更新的手段。德国的多年生植物种植设计的许多创新之举，都由园博会的景观设计师推动而成。

卢兹的主要概念是"季节性的主题植物"（Prinzip der Aspectbildne，德语）。"主题植物"是指花园中视觉上的"主角"，每种植物可持续数周，具有极佳的规模效应。这种组合通常包含3~6种主题植物，占植物总数的70%~75%，其余为伴生植物。处于主导期的主题植物，必须具有外观独特的花朵、叶片或结构，但在非主导期，它们可能看起来不那么显眼。伴生植物起到辅助作用，通常用于突显或强化主题植物的特性，或者在其他时间段内具有较好的观赏性。因为伴生植物的种类相对较多，导致它们的影响被稀释而无法形成规模性的效果。但是，当观赏者靠近花园或走在花园中的小径时，它们会增加植物多样性，并创造出一种持续变化的视觉感。

这种种植方式，会使花期一波接着一波，因

此在生长季会有两到三个持续数周的壮观的花期，花期间隔中较柔和的伴生植物会将这种观赏性持续下去。所有植物都是随机种植的，并且为了快速见效，种植相对密集（每平方米10~12株植物）。

季节性主题植物的一个典型案例是位于慕尼黑附近的里姆景观公园中的系列花园，这些花园从1995年开始创建，属于2005年举办的园博会的一部分，并得到了永久保留。约2.5公顷的场地被分为三个区域：鸢尾-薄荷草甸、观赏性芦苇丛区域，以及湿草甸沼泽区。下表展示了鸢尾-薄荷草甸的主题植物。伴生植物有光滑羽衣草（*Alchemilla epipsila*）、克美莲、灰背老鹳草（*Geranium wlassovianum*）、千屈菜、唇萼薄荷（*Mentha pulegium*）、留兰香（*M. spicata*）、欧薄荷（*M. longifolia*）、苇状酸沼草（*Molinia caerulea* subsp. *arundinacea*）、地榆和缬草（*Valeriana officinalis*）。该项目运用了约23万株植物，建造成本高昂。

因为要高密度地种植大量植株，通过定制生产与种植组合比例相似的种子配比，可以大大降低种植成本。从规划伊始，维护植物群落和其他设施未来的发展，就被卢兹视为所有实践工作中的关键。每年的修剪通过高配置的除草机或剪枝机完成。

慕尼黑里姆景观公园的季节性观赏点

	春季	初夏	盛夏	夏末	初秋	深秋	冬季
平光紫菀				观花	观花		
宽鳞美洲马兰			观花	观花	观花		
西伯利亚鸢尾		观花			观结构	观结构	观结构
美丽薄荷		观花					
大花荆芥			观花				
黄花九轮草	观花						
兔儿尾苗		观花	观花				

观花

观结构：种子、茎、草花

（212~213页）海纳·卢兹工作室在慕尼黑里姆景观公园的种植设计。五月以西伯利亚鸢尾（左上图）最为突出，八月以宽鳞美洲马兰（*Boltonia latisquama*，左下图）为主，九月宽鳞美洲马兰（右上图）仍在开花，十二月的景观效果如右下图所示。

5.1.5 混播种植设计的其他方法

人们对随机种植混播组合的兴趣日益高涨，每年苗圃市场上新的混播组合层出不穷——数量多到可以研发一个新的种植系统模块。组合植物的评价标准主要基于美学方面，或是土壤的适配条件。一些混播组合方案是由独立的园艺专家研发的，并在线销售设计方案（针对业余爱好者或园艺设计师），还有一些则由苗圃提供（针对景观设计师和公共空间的地方政府管理者）。几乎可以肯定，这些混播植物的评估和试验不会像德国和瑞士的混播种植设计方案那样完善。

混播组合的种植设计正在日趋因地制宜、量体裁衣，一个混播组合针对一个地点设计，在其他地方不会重复出现。通常，这些定制方案会包含几种针对不同生境或具有特定视觉特性的混播组合。一贯以创新精神著称的华盛顿特区厄梅和范·斯威登联合公司（Oehme, van Sweden & Associates）已开始将这种方法应用到私人和公共委托项目中。这也是我个人多年来的实践方法。我先为一个样本区域（通常为100平方米）设计一个混播植物组合，然后将其复制到整个区域。这种方式能节省设计成本，这是资金受限的客户的重要考量因素。在我经手的案例中，地方政府部门通常会有这方面的顾虑。我曾经参与过一个英格兰南部的案例，那里漫长的生长季使得杂草生长旺盛，但同时地方政府能够提供的维护极少且极不专业。因此，我大量使用了健壮的丛簇形植物。

针对特定场地的混播种植设计一直以来都是德国花园节的特色，罗斯玛丽·魏瑟（Weisse）在1986年慕尼黑国际花园展览（IGA）上的作品，首次在国际上产生巨大的影响，尤其是她的草原种植设计，即便过去了这多么年，效果依然非常好。乌

右图为诺埃尔·金斯伯里与HTA景观合作为海滨步行道所做的种植设计，项目位于苏塞克斯的贝克斯希尔（Bexhill-on-Sea），这是一个极度裸露的常有盐雾的滨海场地。设计师使用了5个随机混合组合，均是已知的能在滨海环境中茁壮生长的植物，每个混合组合包含约15种植物，每个组合间约一半植物是相同的。图片中突出的是灰色的宽萼苏、紫花荆芥（*Nepeta × faassenii*）和黄色的凤尾蓍（*Achillea filipendulina*），以及'金色风暴'全缘金光菊（*Rudbeckia fulgida* 'Goldstorm'）。

（215页）在贝克斯希尔，诺埃尔·金斯伯里的海滨种植包含了粉红色的紫轮菊（*Osteospermum jucundum*）、绵毛水苏（*Stachys byzantina*）、'波威斯城堡'艾蒿（*Artemisia* 'Powis Castle'）、意大利糙苏和地中海刺芹（*Eryngium bourgatii amongstothers*）等。银灰色的是宽萼苏（*Ballota pseudodictamnus*）。
在沿海地区和其他这类植物能够自然生长的裸露环境中，植物紧密地缠绕在一起，相互支持和保护。因此，此处的设计思路是，随着时间的推移，随机种植的植物的叶子也会形成一种类似的交织。

2011年佩特拉·佩尔兹为科布伦茨联邦花园展览（BUGA）所做的种植设计。黄色的长穗是'摇钱树'独尾草（*Eremurus* 'Money Maker'），红色的是红花钓钟柳的亚种（*Penstemon barbatus* subsp. *coccineus*），叶子突出的是柳叶向日葵（*Helianthus salicifolius*），其高大的茎干被狭长的叶子所遮挡。

右图中展示了纽约植物园新近重建的杜鹃花区域，种植设计由来自厄梅和范·斯威登联合公司的希拉·布雷迪完成。该设计使用了多年生植物和球根植物，以提供背景并延长观赏期。此处的草是'辐射源'天蓝麦氏草（*Molinia caerulea* subsp. *caerulea* 'Strahlenquelle'），蓝色的是'玛莎'牧野龙胆（*Gentiana makinoi* 'Marsha'）。

尔斯·皮尔泽（Urs Walser）多年来做了大量工作，并且越来越多的设计师正在效仿他的风格，其中最杰出的是佩特拉·佩尔兹（Petra Pelz），她长期使用大型单一组团的多年生植物，会让人联想到厄梅范·斯威登（Oehme van Sweden）在美国的作品。她如今投身于园博会，创建了不少令人瞩目的混播组合。

5.2 "谢菲尔德学派"

　　谢菲尔德是一座久负盛名的工业城市，现在人们往往会诧异于它日益突出的园艺和工业创新形象。这些声誉很大程度上源自谢菲尔德大学景观系的两位教授：詹姆斯·希契莫夫和奈杰尔·邓尼特。这两位是园艺生态学的先驱，园艺生态学是一门将植物生态学应用于种植设计的学科。希契莫夫曾说："我一生的大部分时间都在思考如何组建可持续性的、充满设计感的植物群落，这样的群落要对公众也具有吸引力。尤其是如何应用生态学规律来管理人工植物群落……这些理论原则可以照搬通用，对野生植物和栽培植物并不加以差别对待。"奈杰尔·邓尼特致力于在各种场地条件下创建可持续的种植设计，到目前为止，他关于一年生植物种子混播的研究已引起了广泛的公众关注——地方政府和其他公共场所的管理者可以通过这种造价低廉的方式，创造出充满活力、色彩缤纷，且对野生动植物友好的夏季植物景观。詹姆斯·希契莫夫致力于通过精心设计的种子混播组合营造多年生植物景观。这些植物都原产于那些自发形成的、具有靓丽外观的植物群落——中欧草甸、北美大草原和南非

左图为詹姆斯·希契莫夫在萨里威斯利的皇家园艺协会花园里的北美草原种植，该草坪是通过撒播混合种子创建的。图为九月时的景观，旨在突出高挑的植物形态，黄色的细裂松香草就是其中一种。粉红色的淡紫松果菊（苍白松果菊）是一种比松果菊生命周期更长的植物，它的花朵刚好位于主要的叶冠层之上。

山地草原是他主要研究的三个群落体系。谢菲尔德学派的理论基础是运用所谓的"亮点元素"（the wow factor），通过设计点亮人们的生活。正如希契莫夫生动形象的描述："当一个壮到没有脖子、满身刺青的大块头走向你，手里还牵着一只用链子拴住的斗牛犬，当他说欣赏你做的景观是让他早上起床的动力时，你就知道你正在做的是对的。"

在谢菲尔德学派的种植设计中，只有在特别适宜的情况下才会使用乡土植物，这也反映了英国植物种群的锐减，以及植物种群中存在许多入侵性物种（大多数是粗放的牧草）。矛盾的是，如果不加选择地使用，将会降低创造生物多样性的可能。无论如何，在许多城市环境中，主要目标往往是创建相对稳定的人工生态系统，用希契莫夫的话来说就是"满足人类和野生动植物的需求，而不是复刻乡土植物群落"。

种植设计旨在根据场地的肥力来挑选合适的植物。例如，多年生植物在肥沃的土壤环境中很容易被杂草入侵，尤其是大多数多年生植物冬季会落叶，这使得入侵性杂草和冬季常绿植物能够利用其休眠期入侵。在湿润肥沃的土壤条件下使用高大的草原植物可以最大限度地减少这种情况，因为茂密的枝条和根系，会垄断阳光和土壤资源，从而抑制入侵植物的生长。相反，低肥力场地适合那些惯于从有限的环境中最大限度地利用资源的植物群落，例如欧洲地区的干旱草甸。

希契莫夫设计的多年生植物群落的核心在于种子。种子播种形成的植物群落比移栽的植物群落更能抵抗杂草入侵，因为它们的密度更高（每平方米最多能达到150株植物），至少在播种之前便清除了土壤中潜在的杂草竞争资源。将种子播种到散布在土壤表面的75毫米厚的沙子或类似材料中，然后散布在土壤表面。种子播种能使植物按照自然进程生长发展，并理顺植物之间的关系和生态位，而不是将设计者的安排完全强加给它们。遗传多样性还增强了植物对压力、病虫害的抵抗力，而且抵抗力有多种级别。种植设计可以通过栽种和播种的混合方式进行，且对以下情况很有帮助，比如某种植物无法获取所需的种子数量，或是需要特定的栽培品种，或是某些物种从种子生长起来的速度太慢以至于极易被淘汰。极为重要的是，栽种的效果也更容易预测，这对那些希望规避风险的客户更具吸引力。

植物群落组合通常包括几个叶片层，这些叶片层提高了土壤的覆盖范围，可以减少水分流失、侵蚀和杂草入侵，增添种植作为栖息地的价值，并增强视觉丰富度，还能延长花期。出于美学原因，也可以对不同层进行巧妙处理，修长的裸露的花茎可以从低矮的叶片层中伸展出来，这是希契莫夫最喜欢的视觉效果。低矮的叶片层也可以囊括许多春季或初夏开花的植物（通常相对耐阴），以及夏末和秋季的观赏性较高的露生层植物。草类被包括在内，但与它们在野生群落中不同，草类仅作为少数组成部分，高比例的草类会降低视觉效果，而在野生或半天然草地群落中草类通常至少占生物量的80％。毋庸置疑，首先要对所有使用的物种进行广泛的试验，以评估其在种植中的需求，并确保它们不会成为入侵物种。实际上，所使用的绝大部分物种要么是在英国种植的，要么具有非常近的亲缘关系，并且从未表现出任何问题性的蔓延倾向。

由詹姆斯·希契莫夫设计的南非山地群落包含了几个层次。上图显示的是物种丰富的基础层，其中添加了高度较高、花期较晚的物种，它们一年中开花频率递减，以避免遮挡下方不耐阴的基础层。

伦敦奥林匹克公园（2012年）的南非园区由詹姆斯·希契莫夫设计，有夏风信子（*Galtonia candicans*）、粉红色的'红宝石'花脸唐菖蒲（*Gladiolus papilio*'Ruby'）、粉红色的艳丽漏斗鸢尾（*Dierama pulcherrimum*）、蓝色的百子莲属（*Aga panthus*）植物和低处的粉红色的双距花（*Diascia integerrima*），草是阿拉伯黄背草（*Themeda triandra*）。

奥林匹克公园的英国本土植物区。这些都是非草类的"花"，包括白色的滨菊、粉红色的刺芒柄花（*Ononis spinosa*）、黄色的秋蒲公英（*Leontodon autumnalis*）和浅粉色的麝香锦葵（*Malva moschata*）。除了刺芒柄花，全都是播种的。

维护是粗放的，尽管可以有针对性地选择园艺维护。希契莫夫认为种植设计"应该设计出一套适用于整个场地所有植物的管理操作，这套操作对不需要的植物不利，对需要的植物有利"，但"对于大多数设计师来说，这是一个陌生的概念"。除草是一项基础的管理技术。覆盖地膜是抑制杂草幼苗的一种方法。焚烧对海洋性气候地区早春出现的一年生杂草幼苗、发叶早的多年生杂草，以及蛞蝓和蜗牛也非常有效，但对大部分休眠的多年生植物没有影响，它还可以推迟混播植物的出苗。正如在德国的混合种植中发现的那样，盛夏至夏末的修剪也可以抑制杂草的生长，并降低一些更具竞争性的植物的生长速度，缺点是夏末至秋季的观赏性很可能会降低。

这些人造植物群落是在研究如何将植物生态学知识应用于观赏园艺，以及需要发布所取得的结果数据的背景下发展起来的。这种方式已被证实是有可能实现的，下一阶段可能需要其他从业者混合搭配不同植物群落，从而创造出真正的全球种植组合。

下表列出了南非德拉肯斯堡群落使用的植物，这个群落是为2012年伦敦奥林匹克公园的一座花园设计的。表中数字指的是每平方米所含的植物数量。从表中可以看出，项目采用了较低的密度种植高度较高的植物。种植率0.1表明每10平方米种植一株。

2012年伦敦奥运会南非德拉肯斯堡种植设计植物列表

低叶片层 （低于30厘米）	种植密度 植株数量 /平方米
双色凤梨百合	1
金黄蜡菊	0.5
双炬花	1
裸茎单托菊	0.5
黄背草	1
间褐薹草*	1.5
紫花刺阳菊	0.25
合计	5.75

中等叶片层次 （介于30~60厘米）	种植密度 植株数量 /平方米
'诺福克蓝'百子莲	0.5
艳丽漏斗鸢尾	0.2
'红宝石'花脸唐菖蒲	0.25
火红观音兰	0.5
三棱火炬花	1.5
'萨尼帕斯'南非避日花	0.1
合计	3.05

高叶片 （高于60厘米）	种植密度 植株数量 /平方米
德拉肯斯堡百子莲	0.1
夏风信子	0.5
秋花火把莲	0.1
合计	0.7

*间褐薹草不是南非本土植物，而是新西兰植物。

希契莫夫的同事奈杰尔·邓尼特也采用了一种随机种植的方法，但使用的是造园师可能更熟悉的植物模版，因为他大量使用了已经比较完善的栽培品种。他的工作主要针对功能性和特定的设计应用，尤其是雨水花园和绿色屋顶。他在奥林匹克公园以西欧干草草甸和东亚林地边缘植被为基础，使用了植株和种子，而非单独使用种子进行种植。可供使用的欧洲植物种类使他能够创建出一些以颜色为主题的混合种植。使用这些地区的植物的优势是，

在英国以及整个欧洲和北美，市面上可供使用的品种很多。雨水花园和绿色屋顶的混合种植要根据环境条件进行设计，雨水花园需要能够应对干旱和偶尔洪涝的植物，而绿化屋顶则需要能在干旱、极端温度和根系深度受限的条件下生存的植物。

下表是奈杰尔·邓尼特设计的奥林匹克公园中的亚洲花园的植物使用情况。种植密度各不相同，但是通过数字可以了解混合种植中的植物比例。种植区被设计成一系列的条带，每条条带都有特定的植物组合。

2012年伦敦奥运会亚洲花园种植设计植物列表

日本银莲花条带 高大的露生层植物		萱草属/玉簪属条带 高大的露生层植物		宽条带 高大的露生层植物	
'银色羽毛'芒	2	'卡尔福斯特'拂子茅	2	白龙虎杖	1
'弗拉明戈'芒	2	'温柔乡'卷丹	2	掌叶大黄	3
中层植物		紫红花滇百合	2	**中层植物**	
'富饶哈德斯本'银莲花	1	**中层植物**		鬼灯檠	2
'奥诺·季博特'银莲花	1	'琼高'杂交萱草	2	'超级'羽叶鬼灯檠	2
'海因里希王子'银莲花		'真蓝'玉簪	2	'迪克斯特'圆苞大戟	2
'夏洛特女王'银莲花		'高个子男孩'玉簪	2	箱根草	1
'九月魅力'打破碗花花	1	'黑骑士'金脉鸢尾	1	**低矮的地被植物**	
'红花'抱茎蓼	1	霞红灯台报春	1	粉被灯台报春	1
'火尾'抱茎蓼	1	'紫花'地榆	1	岩白菜	2

新种植设计

本书概述的种植设计风格与以往的任何设计都不同。但是究竟有何不同？并且这些差异对种植设计的未来发展又意味着什么呢？

接下来我想着眼于皮特·奥多夫和其他类似从业者的作品，这些作品是基于将种植设计作为一门学科来探讨的。这门学科将不断发展演变，并且我们希望它能进一步改进和完善。我还想将种植设计与更广泛的背景相关联——我们与大自然的持续交流，并为城市、郊区和花园的未来景观进行设计。

总体而言，种植设计已经从"绝对控制植物"的观念转变为"与自然谈判"的感觉，如果植物群落不是完全自发性的，那么至少要看上去像自发性的。但有时，像传统种植设计那样，精确种植对皮特作品的效果也至关重要。事实上，允许植物自然生长与伸展也是古老传统的一部分。20世纪的园艺运动自发地发挥着作用：两次世界大战期间，德国的威利·兰格（Willy　Lange，1864—1941年）

左图为诺埃尔·金斯伯里为蒙彼利埃乡村花园设计的秋季景观，该花园运用了一系列实验性种植来评估植物的竞争能力。白色的是三脉香青（Anaphalis triplinervis，前景），蓝色的是'小卡洛'心叶紫菀，它们都是花期长且强健的多年生植物。

'秋天的喜悦'紫景天（*Sedum* 'Herb-stfreude'）展示了混合种植的力量，深红色的花朵和良好的外形为德国赫曼绍夫的种植园提供了持续的观赏价值。图中皇冠蓍草正在第二次开花。右边的刺金须茅（*Chrys-opogon gryllus*）是一种来自中欧和东欧干燥土壤上的植物，但在花园中仍很少使用。这提醒我们，在不太遥远的野生环境中，仍然有许多优良的植物值得了解并应用。

提倡使用本土物种进行自然主义种植，而英式乡村花园风格则是村舍花园的理想化。玛格丽·菲施（Margery Fish，1892—1969年）是当时最伟大的代表人物之一，她在推广"用植被完全覆盖土壤并允许植物播种和自播繁衍"方面发挥了巨大的影响。

2011年4月在收集本书资料的第一阶段中，我拜访了皮特和安雅。那天晴朗无云，正是在花园漫步观察多年生植物生长的绝佳时节，因为它们刚刚露出地面，很容易预测长期的生长模式。天气条件也很适合皮特进行全新且极具试验性的项目。2010年关闭苗圃的决定不可避免地带来一个疑问——他将如何处理一块6000平方英尺（约558平方米）的裸露沙土地？皮特在那个周末开始的种植是迄今为止最为激进的。他选择了一批多年生植物和草类植物，首先使用'卡尔福斯特'拂子茅作为主要结构，然后播种荷兰本地的草种和野花。我的下一次拜访是在8月，此时多年生植物生长旺盛，草类植物和第一批野花逐渐成熟。也有一些自发生长的植物，包括野生洋甘菊和洋蓍草。对于外行人来说，花园看起来就像是被野花入侵了，或者反过来说，是将一片草地改造成了一座花园。

设计具有自发性元素的种植可以参考皮特的经历。皮特作为设计师的轨迹是不断地从有序向自发随性转变。他早期的作品是坚定的米恩·鲁伊现代主义风格，常使用按现代风格修剪的木本植物、多年生植物和开花灌木。随着多年生植物和草类植物的使用，2000年左右他开始进行越来越多的混合实验，创建了一种精确栽种与随机播种相结合的种植方式。这是皮特职业生涯中一次重要的转变。

我们在4月的那个周末所做的另一件趣事是，看他在20世纪80年代进行的一些早期种植，除了进行过一些除草和每年的修剪外，几乎无人管理。物种的数量随着时间的流逝而减少，皮特估计减少了"大约一半"，但剩余的植物却蓬勃生长，并且已经蔓延开来或四处播种。结果比常年管理的景观植被更茂密，夏末的总体效果令人印象深刻。

皮特·奥多夫种植试验得以长期延续的重要因素是他选用的植物的生命周期都很长。然而，仅仅依赖长寿植物，随着时间的推移，结果将会是非常静态的。这是我们想要的吗？长期可预测性在某些项目中可能会有用（例如颇具纪念意义的公共场地），但在很多情况下既难以实现，又不受人喜爱。实际上具备寿命长且能保持稳定状态的植物数量非常有限，并且随着时间流逝维持不变的形态是相当无聊的。甚至修剪的灌木也会随着时间而变化。景观历史上著名的"修剪花园"的乐趣在于，随着植物的自然生长超越了修剪的造型而呈现出特殊的风格，有时甚至是奇怪的形状。

我第一次见到皮特是在1994年，那是我第一次去霍美洛，我参观了里约热内卢，看了罗伯特·伯克·马克思（Roberto Burle Marx，1909—1994年）的花园和景观。伯克·马克思决定性地突破了传统的几何形种植，但在维护管理方面并没有取得突破。我对花园的静态特质感到困扰，每个植物都有它的位置，如果它偏离到线外，效果就会消失。要保持这样的精确度只能通过高水平的维护来实现，这在廉价劳动力充沛的经济体也得算是奢侈品。

我自己的花园非常注重种植，然后让新生、生长和死亡按照自然进程进行，或者至少在我关注的管理模式中进行演替。结果是植被比正常的更为浓密。在皮特的花园和我自己的花园中，随时间的推移实现了植被密度的提高，这也影响到詹姆斯·希契莫夫的花园。从根本上讲，高密度植被是超越过去的重大突破。詹姆斯的观点是，自然植物群落呈现的密度比保留植物间距的传统植物群落更具弹性，需要的养护也更少。

更大的弹性来自：

- 减少野草的入侵空间，如果野草入侵，对其而言竞争更为激烈；
- 减少具有侵略性的幼苗的生存空间；
- 进行更多竞争以限制侵略性播种植物；
- 由于竞争加剧，使得头重脚轻的生长模式缩减，因此减少了对支撑物的需求；
- 对茎干纤弱的植物形成支撑。

谢菲尔德学派（詹姆斯·希契莫夫、奈杰尔·邓尼特以及与我们共事或者毕业于谢菲尔德的人士）强调生态学过程和动态。种植理念会随着时间而改变，而园艺师或管理人员的职责是，通过保持或加强其观赏性和其他期望特征（例如物种多样性），从而指引进程。

第5章中我们看到詹姆斯·希契莫夫的种子种植与常规种植需要不同的管理模式。任何试图接近天然植物群落密度而非传统花园密度的种植都需要一种新的管理方式，这种管理方式着眼于整体而非单株植物，广泛而非集约化。

对于这种新的植被种植风格，对管理人员所需的技能明显不同。一方面，可能确实需要较少的维护时间，但是需要更多的技能和专业知识。另一方面，对于大型公共区域，一个复杂的种植设计可以通过简单的操作（例如修剪或焚烧）来维持，这意味着只要负责管理的人员具有技能，大多数实际的体力工作可以由相对非技术性的人员来完成。未来的景观管理者需要掌握基本的生态学知识，并具有运用科学管理复杂种植的能力。这显然对园艺和景观专业人士的培训会产生很大的影响。

增强的自然

强调植被的种植风格着眼于群落整体而非个体的排列，旨在创建人工生态系统。对某些人而言这是值得怀疑的，因为他们相信有些事只有大自然才能办到。因此问题的关键在于我们对自然系统的态度。在此我想着眼于我们提出的新种植系统，它关注的是如何与自然世界更广泛地融合，以及如何协调人类与自然世界的关系。

我们已经习惯将自然世界视为与人类活动分离的，且处于和谐平衡中的原始世界。但现在我们发现生态系统并不是我们认为的那么自然和谐。当我们观察自然植被时，看到的只是时间长河中的一个片段，但我们倾向于将其解释为不朽与永恒。基于已有科学证据，我们必须接受许多被视为永恒的自然事物其实处于动态变化的过程。另外，自然系统还受到很多人类因素的影响。我们远古的祖先，通过使用火，在数千年间对许多自然系统产生了巨大的冲击，甚至导致了许多大型动物的灭绝和对生态系统的巨大改变。

（230~231页）蒙特佩里乡村花园的一个池塘边，残存着巨型蚊子草（*Filipendula camtschatica*）的秋叶和亮红紫菀（*Aster puniceus*）的最后一季花。

斯蒂芬·布狄安斯基（Stephen Budiansky）在1995年出版的《大自然的守护者：自然管理的新科学》（Nature's Keepers: The New Science of Nature Management）一书中很好地概述了这些问题。詹姆斯·希契莫夫说，阅读此书对他产生了极大的影响，帮他扩展了创建人工运作植物群落的思考。布狄安斯基在书中说道："我们将生态学作为一门科学与将生态学作为一种政治哲学已经混淆很长时间了。"他提出了这样一个概念，场地与居住在那里的动植物群落之间存在着牢不可分的、本质的联系。他认为自然群落是由碰巧到达并立足于此的所有物种组成的，机会和随机事件在其中起了很大的作用。如果历史重来，会诞生不同的物种群落。例如，英国许多人憎恨的两种外来入侵物种，桐叶槭（Acer pseudoplatanus）和黑海杜鹃（Rhododendron ponticum）在早期的冰河时期之前可能是原生的。

最近的一本书扩展了这一观点。皮特不习惯向我推荐书籍（更倾向于推荐植物），所以当他告诉我由艾玛·马里斯（Emma Marris）撰写的《喧闹的花园：在人类统领的世界里保护大自然》（Rambunctious Garden: Saving Nature in a Post-Wild World，2011年）这本书时，我立即购买了它。马里斯从根本上乐观地认为，人类对自然生态系统的重大影响未必导致自然的丧失，而是使得外来物种和乡土物种相互适应，在此过程中发展出全新的生态系统。她将其比作花园的创建，过程虽然可能无法预测，有时甚至几近混乱，但结果会是花盛叶茂。马里斯还讨论了几个雄心勃勃的大型生态系统娱乐中心项目，例如将非洲草食动物（斑马、大象等）引入美国部分地区以取代数万年前被美洲原住民消灭的物种祖先。

任何花时间在废弃的工业用地上观察研究物种（通常是非常稀有的物种）的人，都会理解马里斯的花园概念。纽约高线公园原本的自发性植被就是一个很好的例子，其稀薄的土壤虽然限制了更有活力的植物的生长，但它混合了乡土植物和外来植物，因此展现了丰富多样的植物群落。这种植物多样性在废弃的、污染严重的后工业化环境中非常典型。环境保护主义者开始意识到这些地方的生物多样性和价值时，往往为时已晚。德国在这些方面一直处于领先地位，建设了例如柏林的苏德格兰德公园（前铁路编组场）之类的多个项目。将这些项目的地段视为自然保护区，正在挑战许多传统的观念——自然的理念是什么或究竟什么事物值得我们珍视。从中可以得到的教训是，大自然非常善于反击和再生，我们应该珍惜这些例子，也许可以将它们作为未来设计种植的典范。

阅读《喧闹的花园》，可以清楚地看到我们作为园艺师应从何处入场。我们正在参与创造一个"增强的自然"（这个术语来自斯蒂芬·布狄安斯基和奈杰尔·邓尼特）。这个理念认识到视觉美感对人类使用者（其中绝大多数人对生态学一无所知）的重要性，以及人工生态系统可以支撑可观且宝贵的生物多样性这一事实。融合乡土和外来植物的务实的种植设计，和为人类及其他使用者提供价值，这两点应该没有冲突。皮特的作品在创建种植设计方面向前迈出了重要一步，这些花园不仅呼吁我们对美的热爱和某种秩序感，还呼吁了动态变化的生物多样性所需的多元化和开放性。

景观设计植物名录

涵盖了皮特·奥多夫用过的主要植物，以及适合冬季相对温和的海洋性气候地区种植的植物。

这里的植物偏好开放性的、阳光充足的区域。表中的耐阴植物在初夏之后会形成结构性观赏价值。

236～261页表格中用到的名词和缩写

一般性的

cvs.（cultivars）栽培品种

spp.（species）种

subsp.（subspecies）亚种

高度

植物在不同的生长环境下，株高差异很大。这里旨在给出大致的参考。

L（Low）矮，低于0.3米

S（Short）低，0.3~0.8米之间

M（Medium）中等，0.8~1.4米之间

T（Tall）高，1.4~2.0米之间

VT（Very Tall）非常高，超过2米

冠幅

一株植物生长3年后叶子延展至最远处的大致直径，不是植物底部蔓延的幅度。

<0.25 小于0.25米

0.25~0.5 0.25~0.5米之间

0.5~1.0 0.5~1.0米之间

>1.0 大于1.0米

种植密度

种植密度为每平方米的植物数量，推荐的种植密度适用于第一年便要有可观景色的商业项目或类似项目。不同于播种，但会考虑到植物生长的速度。

皮特·奥多夫的方法是大多数多年生植物都用直径9厘米的花盆，更大一些的植物如泽兰属或芒属植物用11厘米的花盆。如果需要用更大的花盆（常常为2升），他建议将种植密度降低10%~15%。

叶色

E（Everygreen）常绿

S/E（Semi-Evergreen）半常绿

Au（Good Autumn Color）秋色叶

形态

形态是第3章所讨论的植物茎干与叶子之间的关系。理论上来讲，这本应该是客观的描述。但此处调整为对整株植物基本外形更主观、更实用的评价。

Li（Linear Leaves）线形叶

BB（Broad Basal Leaves）基生阔叶

Em（Emergent）露生层

LM（Leafy Mound）叶片繁茂型

Up（Upright）直立型

SM（Stem Mound）枝干密集型

Br（Branching）枝条伸展型

Pro（Procumbent）匍匐型

对于观赏草来说，可参考119页的内容，使用了以下描述：丛生、簇生或垫式

花色

花朵的主要颜色。

花期

引人注目的果实观赏期偶尔也做了标注，赏花期也包含了赏果的时间。

Sp（Spring）春季

Su（Summer）夏季

Au（Autume）秋季

Wi（Winter）冬季

E（Early）季初

M（Mid）季中

L（Late）季末

观赏期

>9个月 超过9个月的观赏期，意味着包含了赏果期

3~9个月 3~9个月的观赏期，赏花和赏果

短期 填充型植物或仅有短暂的形态观赏期

寿命

可参考170～175页。这部分数据基于作者及同事的经验，主要是在欧洲西北部地区，也包含了金斯伯里（Kingsbury）2010年的研究调查（请参考263页"拓展阅读"）。

<5年 少于5年

<10年 少于10年

Per（Perennial） 真正的多年生

LL（Long-Lived） 长寿的

扩散性

因生长带来的株型扩散能力，不同于播种，也与叶片的伸展截然不同，见178和179页。

None 没有扩散

Lim（Limited） 有限的扩散

Slo（Slow） 扩散缓慢

Mod（Moderate） 中等速度的扩散

Rap（Rapid） 扩散迅速

持久性

程度越低意味着核心区前一代植物枯萎后，新生植物离之前所在区域越远，见180~183页。

V Lo（Very Low） 持久性非常弱

Lo（Low）持久性弱

Med（Medium） 持久性中等

Hi（High）持久性强

自播能力

见183和184页。注意此项参数是出名地难以预测，因此仅供粗略参考。

Lo（Low） 自播能力弱，通常很少

Mod（Moderate） 自播能力一般

Hi（High） 自播能力强，偶尔也出现问题

生长习性

光照

Su（Sun） 喜阳

HSh（Half-Shade） 耐半阴

Sh（Shade-Tolerant） 耐阴

土壤

在普通的土壤条件下，养分和湿度也在均值水平，所有植物都能正常生长。

We（Wet） 喜湿，换句话说，可生长在水涝区域

Mo（Moist） 耐湿，可生长在湿润的土壤(不是潮湿)，不太耐旱

Dr（Drought） 耐旱，但在平均湿度下，通常生长得更好

Hi（Highly Fertile Soil） 喜肥，更偏好养分充足的土壤

Lo（Low Fertile Soil）耐贫瘠，但在养分达到均值的区域，除了寿命会缩短，通常生长得更好

耐寒区

推荐参考《美国农业部耐寒区域分布图》（*United States Department of Agriculture Hardiness Zones*）。

这是了解大陆性气候下冬季耐寒区分布的极好参考，受海洋性气候影响的欧洲西北部的可参考性要低一些。耐寒区一栏显示了地理分区数值，冬季最低气温是培植植物的主要限制因素。例如，5区植物大概能在零下28摄氏度的环境中存活

	高度/米	冠宽/米	种植密度（植株数量/平方米）	叶色/形态	花色/花期	观赏期
芒刺果属及栽培品种 *Acaena* spp. and cvs.	L	0.25~0.5	9~11	有色叶、羽状分裂、E、Br、Pro	红褐色果实、Su（E~M）	3~9个月/短期
刺老鼠簕 *Acanthus spinosus*	M~T	0.5~1.0	7~9	深色叶、叶缘有深锯齿、大LM、Em	白色、紫色、Su（M~L）	3~9个月
凤尾蓍及栽培品种 *Achillea filipendulina* and cvs.	T	0.5~1.0	9	深色叶、叶片细裂、Up、Em	黄色伞形、Su（M~L）	3~9个月
欧蓍草栽培品种及杂交品种 *Achillea millefolium* cvs. and hybrids	M	0.25~0.5	9	深色叶、叶片细裂、Up	多种花色、Su（M~L）	3~9个月
欧洲乌头 *Aconitum* European spp.	M	0.25~0.5	9	深色叶、羽状分裂、Up	蓝色、紫色、Su（E）	短期
东亚乌头 *Aconitum* East Asian spp.	M~T	0.25~0.5	9	深色叶、羽状分裂、Up	蓝色、紫色、Su（M~L）	短期
白龙虎杖 *Aconogonon* 'Johanniswolke' (*Persicaria polymorpha*)	VT	>1.0	1	密实、深色叶、SM、Br	白色、粉色、Su（E~L）	3~9个月
白类叶升麻 *Actaea pachypoda*	M	0.25~0.5	9	叶片分裂、EM	白色浆果、Au	短期
类叶升麻属 *Actaea* spp. (former *Cimicifuga*)	T	0.25~1.0	9	叶片分裂、EM	奶白色、Su（L）~Au	3~9个月
百子莲属及栽培品种 *Agapanthus* spp. and cvs.	M	0.25~1.0	7	宽带状、Li	蓝色、Su（M~L）	3~9个月
羽衣草属 *Alchemilla* spp.	S	0.25~0.5	9	好看的掌状叶、LM	柠檬绿、Su（E~M）	3~9个月
灰毛紫穗槐 *Amorpha canescens*	M	0.5~1.0	3	羽状复叶、叶片细小、SM、Up	灰紫色、Su（M~L）	3~9个月
水甘草属 *Amsonia* spp.	M	0.25~0.5	5~7	叶片细长、Au、SM、Up	金属蓝、Su（E~M）	9个月
珠光香青 *Anaphalis margaritacea*	M	0.25~0.5	7	灰绿色、SM	白色、纸质感、Su（M~L）	3~9个月
杂交银莲花和相似品种 *Anemone* × *hybrida* and similar species	T	0.25~1.0	7	叶片大且分裂、Em	白色、粉色、Su（L）~Au	3~9个月
欧楼斗菜 *Aquilegia vulgaris*	M	0.25~0.5	11	叶片分裂、EM	多种花色、Su（E）	短期
楤木属草本植物 *Aralia* herbaceous spp.	M~T	0.5~1.0	1	叶片非常大且分裂、SM	好看的花序、Su（M~L）	3~9个月
白苞蒿 *Artemisia lactiflora*	T	0.25~0.5	7	深色叶、分裂、Up	浅白色、Su（M）	3~9个月
'宽叶'银叶艾蒿 *Artemisia ludoviciana* 'Latiloba'	S	0.5~1.0	5	银色叶、分裂、SM、Up	花朵不明显	3~9个月

寿命	扩散性	持久性	自播能力	生长习性	耐寒区	备注/其他品种和形态
Per	Mod~Rap	Hi	Mod	Su	6和7	在海洋性气候地区具有侵略性
LL	Mod	Hi	Lo	Su	7	成形很慢
Per	Mod	Med	Lo	Su、Dr、Lo	3	
<10年	Mod	Lo	Mod	Su、Dr、Lo	3	
Per	Slo	Lo~Med	Lo~Mod	Su~HSh、Hi	3	夏季可能休眠
Per	Slo	Lo~Med	Lo~Mod	Su~HSh、Hi	3	
LL	Lim	Hi	Lo	Su~HSh、Hi	3	大型植物
LL	Slo	Hi	Lo	HSh~Sh、Mo	3	
LL	Slo	Hi	Lo	HSh~Sh、Mo	3	某些种有青铜色的叶子
LL	Mod	Hi	Lo	Su	7	比想象的更耐寒
Per	Mod	Hi	Hi	Su~HSh	3	
Per	None	Hi	Mod	Su、Dr	2	灌木丛，适合与低矮的草为邻
LL	Slo	Hi	Lo~Mod	Su~HSh	4	秋季叶黄色
Per	Lim	Hi	Lo	Su	3	
LL	Mod	Hi	Lo	Su~HSh	4	成形很慢
5~10年	None	Hi	Hi	Su~HSh	3	夏季可能休眠
LL	Lim	Hi	Lo	Su~HSh	3	第一场霜降后便会倒伏
Per	Lim	Hi	Lo	Su~HSh	3	
Per	Mod	Hi	Lo	Su、Dr、Lo	4	季末生长缓慢

刺老鼠勒

灰毛紫穗槐

柳叶水甘草

珠光香青

银叶艾蒿

	高度/米	冠宽/米	种植密度（植株数量/平方米）	叶色/形态	花色/花期	观赏期
假升麻 *Aruncus dioicus*	T	0.5~1.0	3	羽状复叶、SM	奶白色、Su（E~M）	9个月
欧洲细辛 *Asarum europaeum*	L	0.25~0.5	11	有光泽、E、BB	花朵不明显	3~9个月
沼泽马利筋 *Asclepias incarnata*	M	0.25~0.5	7~9	形似柳叶、Up	粉色、Su（M~L）	3~9个月
柳叶马利筋 *Asclepias tuberosa*	M	0.25~0.5	9	形似柳叶、Up	橘色、Su（M~L）	3~9个月
香车叶草 *Asperula odorata（Galium odoratum）*	L	0.25~0.5	11	叶小、浅绿色、Br、Pro	白色、Sp	短期
三脉紫菀 *Aster ageratoides*	M	>1.0	5	叶片小而多、Up、SM	淡蓝色、Su（M~L）	3~9个月
心叶紫菀 *Aster cordifolius*	T	0.5~1.0	5	叶片小而多、Up	蓝色、Su（L）~Au	3~9个月
白木紫菀 *Aster divaricatus*	M	0.25~0.5	7	叶片小而多、Up	白色、Su（L）~Au	9个月
柳叶白菀 *Aster ericoides*	M	0.25~0.5	5	叶片小而多、Up	多种花色、Su（L）~Au	3~9个月
平光紫菀 *Aster laevis*	M~T	0.25~0.5	7	叶片小而多、灰绿色、Up	紫色、蓝色、Su（L）~Au	3~9个月
'平枝'侧花紫菀 *Aster lateriflorus* 'Horizontalis'	M	0.5~1.0	7	深色叶、叶小型、Up	白色、Su（L）~Au	9个月
美国紫菀 *Aster novae-anglia*	M~T	0.25~0.5	5	叶片小而多、Up	蓝色、紫色、粉色、Su（L）~Au	3~9个月
'十月天空'长圆叶紫菀 *Aster oblongifolius* 'October Skies'	M	0.5~1.0	3~5	叶片小而多、Br	蓝色、Su（L）~Au	3~9个月
紫菀 *Aster tataricus*	M~T	0.5~1.0	7	叶片小而多、Up	紫色、Su（L）~Au	3~9个月
伞形花紫菀 *Aster umbellatus*	T	0.25~0.5	7	叶片小而多、Up	奶白色、Su（L）~Au	3~9个月
'暮色'大叶紫菀 *Aster × herveyi* 'Twilight' （*A. macrophyllus*）	M	0.5~1.0	7	叶片小而多、Up	紫色、蓝色、Su（L）~Au	9个月
福氏紫菀 *Aster × frikartii*	M	0.25~0.5	7	叶片小而多、Up、SM	紫色、蓝色、Su（L）~Au	3~9个月
落新妇 *Astilbe chinensis* varieties	M	0.25~0.5	7	分裂、BB	亮粉色、Su（L）~Au	9个月
大叶子 *Astilboides tabularis*	M~T	0.25~1.0	7	叶大、圆形、BB	奶白色、Su（E~M）	3~9个月

寿命	扩散性	持久性	自播能力	生长习性	耐寒区	备注/其他品种和形态
LL	None	Hi	Mod	Su~HSh	4	'霍雷肖'假升麻（'Horatio'）是杂交品种，株高1米，秋色叶红色
Per	Mod	Hi	Lo	HSh~Sh	4	有许多亚洲变种，叶子形态好看
<5年	None	Hi	Lo~Mod	Su	3	秋色叶极具观赏性
Per	Lim	Hi	Lo	Su、Dr、Lo	3	
Per	Rap	Med	Lo	HSh~Sh	4	常在夏季休眠
Per	Mod~Rap	Hi	Lo	Su	4	'哈瑞斯密斯'（'Harry Smith'）尤其出众
Per	Slo~Mod	Hi	Lo	HSh~Sh	2	'小卡洛'尤其出众
Per	Slo~Mod	Hi	Mod~Hi	Su~Sh	4	
Per	Slo	Hi	Lo	HSh~Sh、Dr	3	
Per	Slo	Hi	Mod	Su~HSh	4	
Per	Slo	Hi	Lo	Su	3	分支的头状花序伸展出去，像灌木枝条一样
Per	Slo	Hi	Mod	Su	2	
Per	Lim	Hi	Lo	Su	3	
LL	Slo	Hi	Lo	Su	4	'锦带'带有特别的秋季色彩
LL	Mod	Hi	Hi	Su	3	
Per	Mod	Hi	Lo	Su~HSh	4	
5~10年	Lim	Hi	Lo	Su	5	
Per	Slo	Hi	Lo	Su~HSh、Mo	4	秋色叶和冬季的种子都极具观赏性
Per	Mod	Hi	Lo	Su~HSh、Mo	5	

'霍雷尼'假升麻

'小卡洛'心叶紫菀

'平枝'侧花紫菀

'锦带'紫菀

大叶紫菀

	高度/米	冠宽/米	种植密度（植株数量/平方米）	叶色/形态	花色/花期	观赏期
大星芹 *Astrantia major*	S	0.25~0.5	11	深色叶、叶片分裂、SM、Em	奶白色、红色、粉色、Su（M~L）	3~9个月
蓝花赝靛 *Baptisia australis*	M	0.5~1.0	1	灰绿色、Br	靛蓝、Su（E）	9个月
白花赝靛 *Baptisia alba*（*B. leucantha*）	M	0.25~1.0	1	叶片整齐、形态像树、Br	白色、Su（E~M）	9个月
岩白菜属及栽培品种 *Bergenia* spp. and cvs.	L	0.25~0.5	9	圆形、有光泽、E、BB	粉色、白色、Sp	3~9个月
竹叶菊 *Boltonia asteroides*	T	0.25~0.5	7	叶片细窄、灰绿色、Up	白色、Su（L）	3~9个月
心叶牛舌草 *Brunnera macrophylla*	S~M	0.25~0.5	11	叶大、质感粗糙、LM	蓝色、Sp	9个月
牛眼菊 *Buphthalmum salicifolium*	S	0.25~0.5	7	叶片细窄、SM	黄色、Su（E~L）	3~9个月
荆芥叶新风轮菜 *Calamintha nepeta* subsp. *nepeta*	S	0.25~0.5	11	叶小、SM	淡粉色、Su（M）~Au	3~9个月
聚花风铃草 *Camapanula glomerata*	S	0.25~1.0	11	深色叶、质感粗糙、Up、SM	紫色、蓝色、Su（E）	短期
阔叶风铃草 *Campanula lactiflora*	T	0.5~1.0	7	质感粗糙、形态轻盈、Up、SM	淡蓝色、Su（M）	短期
桃叶风铃草 *Campanula persicifolia*	S	0.25~0.5	9	叶片细长、Em	紫色、蓝色、Su（M）	短期
巴夏风铃草 *Campanula poscharskyana*	L	0.5~1.0	7	浅绿色、Br、Pro	紫色、蓝色、Su（M）	短期
宽钟风铃草 *Campanula trachelium*	M	<0.25	9	深色叶、质感粗糙、Up	紫色、蓝色、Su（M）	短期
山矢车菊及栽培品种 *Centaurea montana* and cvs.	S	0.5~1.0	7	灰绿色、SM	蓝色、粉色、Su（E）	3~9个月
大花山萝卜 *Cephalaria gigantea*	T	0.5~1.0	5~7	深色叶、质感粗糙、Em	淡黄色、Su（M~L）	短期
角柱花 *Ceratostigma plumbaginoides*	S	0.25~0.5	11	叶小、Au、Up	正蓝色、Su~Au（L）	短期
'粉红'多毛细叶芹 *Chaerophyllum hirsutum* 'Roseum'	M~T	0.25~0.5	5	深色叶、叶片细裂、LM	粉色、Su（E）	3~9个月
偏斜蛇头花 *Chelone obliqua*	M	0.25~0.5	9	深色叶、叶片多、Up	粉色、Su（L）~Au	3~9个月
大叶铁线莲和全缘铁线莲及杂交种 *Clematis heracleifolia* *C. Integrifolia* and hybrids	M	0.5~1.0	3~5	分裂、Br	蓝色、Su（M~L）	3~9个月

寿命	扩散性	持久性	自播能力	生长习性	耐寒区	备注/其他品种和形态
<10年~Per	Slo~Mod	Hi	Hi	Su~HSh、Mo	5	生长状况高度依赖于环境条件、不耐热
LL	Slo	Hi	Lo	Su、Dr	3	
LL	Slo	Hi	Lo	Su、Dr	5	雕塑般的形态，秋色叶极具观赏性
Per	Mod	Hi	Lo	Su~Sh	3	
Per	Slo	Med	Mod	Su~HSh、Mo、Hi	4	
Per	Mod	Hi	Lo	HSh~Sh	3	有几种杂色变种
Per	Slo	Hi	Lo	Su、Lo	4	
Per	Lim	Hi	Mod	Su、Dr、Lo	6	
Per	Mod~Rap	Hi	Mod	Su~HSh、Mo、Hi	3	荫蔽区很好的地被植物
<10年~Per	Slo	Hi	Mod~Hi	Su~HSh、Hi	5	所有风铃草属植物都有白色、粉色变种
Per	Mod	Hi	Lo	Su~HSh	3	
Per	Rap	Hi	Lo	Su~HSh	3	
<10年~Per	Slo	Hi	Mod	Su~HSh	3	
Per	Slo~Mod	Hi	Lo	Su~HSh	3	无性繁殖后的植株扩散性变化不定
<10年	None	Hi	Lo~Mod	Su	3	
Per	Mod	Hi	Lo	Su	5	同属植物中最耐寒
Per	Lim	Hi	Lo	Su~HSh	6	
Per	Mod	Hi	Lo	Su~HSh、We	3	形态很好，其他相关品种也类似
Per	None	Hi	Lo	Su	3	能在灌木丛中生长

白花缬草

心叶牛舌草

'粉红'多毛细叶芹

大叶铁线莲

全缘铁线莲

	高度/米	冠宽/米	种植密度（植株数量/平方米）	叶色/形态	花色/花期	观赏期
三叶金鸡菊 *Coreopsis tripteris*	T	0.25~0.5	7	分裂整齐、Up	黄色、Su（M~L）	3~9个月
轮叶金鸡菊 *Coreopsis verticillata*	S	<0.25	7	深色叶、分裂精细、SM	黄色、Su（M~L）	3~9个月
心叶两节荠 *Crambe cordifolia*	M	0.5~1.0	1~3	大型的深色叶、BB	白色、Su（M）	3~9个月
香鸢尾属杂交品种 *Crocosmia* hybrids	M	0.25~0.5	9	叶片直立、Li	黄色、橘色、Su（L）~Au	3~9个月
雨伞草 *Darmera peltata*	M	0.25~1.0	9	圆形大叶、Au、BB	淡粉色、Sp	9个月
翠雀属杂交品种 *Delphinium* hybrids	T	0.25~0.5	9	灰绿色、浅裂、Up	多种色调的蓝色、Su（E~M）	短期
加拿大山蚂蟥 *Desmodium canadense*	M	0.25~0.5	5	叶片细小、SM	深粉色、Su（L）~Au	3~9个月
漏斗鸢尾属及栽培品种 *Dierama* spp. and cvs.	M~T	0.25~1.0	9	灰绿色、笔直成束、Li	粉色、紫色、白色、Su（M~L）	3~9个月
毛地黄属 *Digitalis* spp.	M~T	<0.25~0.5	11	莲座状、Em	粉色、黄色、棕色、Su（M~L）	3~9个月
多榔菊属及杂交品种 *Doronicum* spp. and hybrids	S~M	0.25~0.5	9	葱绿色、Em	黄色、Sp（E）~Su	短期
松果菊属及栽培品种 *Echinacea* spp. and cvs.	M	0.25~0.5	9	大型叶片、Em	粉色、紫色、浅黄色、Su（M）~Au	9个月
蓝刺头属及栽培品种 *Echinops* spp. and cvs.	M~T	0.5~1.0	7~9	和蓟的叶片相似、Em	蓝色球果、Su（M~L）	3~9个月
淫羊藿属及栽培品种 *Epimedium* spp. and cvs.	S~M	0.25~0.5	11	有光泽、S/E、BB	黄色、白色、粉色、Sp	短期
地中海刺芹 *Eryngium bourgatii*	S	0.25~0.5	9	多刺、灰绿色、LM	灰蓝色、Su（M）	3~9个月
三裂刺芹 *Eryngium × tripartitum*	M	0.25~0.5	9	多刺、灰绿色、LM、Br	灰蓝色、Su（M）	3~9个月
丝兰叶刺芹 *Eryngium yuccifolium*	T	0.5~1.0	9	多刺、长条形、Em	浅白色、Su（M~L）	3~9个月
紫花泽兰及相关品种 *Eupatorium maculatum* and related spp.	T~VT	0.25~1.0	5~7	轮生叶片、Up	紫色、粉色、Su（L）~Au	3~9个月
贯叶泽兰 *Eupatorium perfoliatum*	M~T	0.25~0.5	7	叶片细窄、Up	白色、Su（L）~Au	3~9个月
皱叶泽兰 *Eupatorium rugosum*	M	0.25~0.5	5	翠绿色、SM、Up	白色、Su（L）~Au	3~9个月

寿命	扩散性	持久性	自播能力	生长习性	耐寒区	备注/其他品种和形态
Per	Slo	Hi	Lo	Su~HSh	3	
Per	Slo	Hi	Lo	Su~HSh、Dr	3	
LL	Lim	Hi	Lo	Su、Dr	5	海滨两行荠（*Crambe maritima*）非常适合种植在海岸地带
LL	Mod~Rap	Hi	Lo	Su	5~8	品种非常多，但仅适合温带气候地区
LL	Mod	Hi	Lo	Su~HSh、We	5	秋色叶红色
<10年	None	Hi	Lo	Su、Hi	3	
LL	Lim	Hi	Lo	Su	3	
Per	Lim	Hi	Hi	Su、Mo	7	冬季温和的地带有很多选择
<5年	None	Hi	Hi	Su~HSh、Lo	7	种类多，寿命不同
Per	Mod	Med	Lo	HSh~Sh	5	
5~10年	None	Hi	Lo~Mod	Su	3~5	寿命不同，浅紫松果菊（*E. pallida*）最长
<10年	None	Hi	Mod~Hi	Su	3~5	
LL	Slo~Mod	Hi	Lo	Su~HSh、Dr	5	亚洲品种不耐晒也不耐干燥的土壤
Per	Lim	Hi	Lo	Su、Dr、Lo	5	
Per	Lim	Hi	Lo	Su	5	
Per	Lim	Hi	Lo	Su	3	
LL	Lim~Slo	Hi	Lo~Mod	Su、Mo、Hi	4	一些具有美丽的秋色叶，冬季具有雕塑般的形态
Per	Slo	Med	Lo	Su~HSh、Mo	3	许多其他泽兰也很值得种植
Per	Slo	Hi	Lo~Mod	Su~HSh	3	某些变种叶片颜色很深

三叶金鸡菊

心叶两节荠

'诱惑'松果菊

硬叶蓝刺头

丝兰叶刺芹

	高度/米	冠宽/米	种植密度（植株数量/平方米）	叶色/形态	花色/花期	观赏期
扁桃叶大戟 *Euphorbia amygdaloides*	S	0.25~0.5	11	绿色或红色、Up	黄绿色、Sp（E）~Su	3~9个月
地中海大戟 *Euphorbia characias*	M	0.5~1.0	5~7	灰绿色、形似灌木、E、LM	黄绿色、Sp	3~9个月
柏大戟 *Euphorbia cyparissias*	S	0.5~1.0	9	灰绿色、叶片细窄、Br	黄绿色、Su（E）	短期
圆苞大戟 *Euphorbia griffithii*	M	0.5~1.0	7	深色叶、叶片细窄、Up	黄绿色、Su（E~M）	3~9个月
沼泽大戟 *Euphorbia palustris*	M	0.5~1.0	3	浅绿色、叶片细窄、Au、SM	黄绿色、Sp~Su（E）	3~9个月
多彩大戟 *Euphorbia polychrome*	S	0.25~1.0	7	翠绿色、SM	黄绿色、Sp~Su（E）	3~9个月
先令大戟 *Euphorbia schillingii*	M	0.5~1.0	3	深色叶、有藤蔓、SM、Up	黄绿色、Su（M）	3~9个月
蚊子草属及栽培品种 *Filipendula* spp. and cvs.	T	0.25~1.0	3~5	羽状分裂、叶片大、Au、Em、Up	粉色、白色、Su（M）	3~9个月
山桃草 *Gaura lindheimeri*	M	0.5~1.0	7	枝条细长结实、Br	粉色、白色、Su（M）~Au	短期
马利筋龙胆和牧野龙胆 *Gentiana asclepiadea* and *G. makinoi*	S	0.25~0.5	9	叶子较密、SM	蓝色、Su（M）	3~9个月
多节老鹳草 *Geranium nodosum*	S	0.5~1.0	9	有光泽、叶片三裂、LM	粉色、Sp（L）~Su（M）	短期
暗色老鹳草 *Geranium phaeum*	S	0.5~1.0	9	浅裂、LM	粉色、褐红色、Su（E）	短期
草原老鹳草 *Geranium pratense*	S	0.25~0.5	9	浅裂、LM	紫色、蓝色、Su（E）	短期
光茎老鹳草 *Geranium psilostemon*	M	0.5~1.0	9	浅裂、LM	洋红色、Su（M）	短期
血红老鹳草及栽培品种 *Geranium sanguineum* and cvs.	S	0.25~1.0	9	深色叶、浅裂、LM	多种粉色、Su（E~M）	短期
线裂老鹳草 *Geranium soboliferum*	S	0.25~0.5	9	浅裂、Au、LM	洋红色、Su（M~L）	短期
银叶老鹳草 *Geranium sylvaticum*	S	<0.25	9	浅裂、Em	蓝色、粉色、Su（E）	短期
宽托叶老鹳草 *Geranium wallichianum*	S	0.5~1.0	9	浅裂、LM、Pro	紫色、蓝色、Su（L）~Au	短期
灰背老鹳草 *Geranium wlassovianum*	S	0.25~0.5	9	浅裂、Au、LM	紫色、Su（M）~Au	短期

寿命	扩散性	持久性	自播能力	生长习性	耐寒区	备注/其他品种和形态
<10年	Lim~Slo	Hi	Mod	HSh	7	
<10年	None	Hi	Mod	Su~HSh、Dr	8	
Per	Rap	Med	Lo	Su、Dr、Lo	7	游击式扩张
Per	Mod	Hi	Lo	Su~HSh、Mo、Hi	7	
Per	None	Hi	Mod~Hi	Su~HSh、Mo、Hi	7	
<10年	Lim	Hi	Lo~Mod	Su	7	
Per	Slo	Hi	Lo	Su、Mo、Hi	7	
Per	Mod	Hi	Lo~Mod	Su、Mo、Hi	3和4	不同品种有不同的高度可选
<5年	None	Hi	Lo	Su	5	
LL	None	Hi	Lo	HSh、Mo	6	
Per	Mod	Hi	Mod~Hi	Su~Sh、Dr	5	
Per	Mod	Hi	Mod~Hi	Su~Sh	4	很多变种可选
Per	Lim	Hi	Mod~Hi	Su	4	
Per	Slo	Hi	Mod	Su~HSh、Mo	4	
Per	Slo	Hi	Mod	Su~HSh、Dr、Lo	4	
Per	None	Hi	Hi	Su~HSh、Mo	5	秋色叶红色
Per	Lim	Hi	Hi	Su~HSh	4	
Per	None	Hi	Lo	HSh、Mo	4	
Per	None	Hi	Mod	Su~HSh	5	

圆苞大戟

先令大戟

'美丽'红花蚊子草

草原老鹳草

银叶老鹳草

	高度/米	冠宽/米	种植密度（植株数量/平方米）	叶色/形态	花色/花期	观赏期
皱叶老鹳草 *Geranium × oxonianum*	S	0.5~1.0	9	浅裂、叶片宽大、LM	多种粉色、 Su（E）和Su（L）~Au	短期
阔叶美吐根 *Gillenia trifoliata*	M	0.25~0.5	3~5	叶片细窄、形似灌木、 Br	白色、红色、Su（E）	9个月
圆锥丝石竹 *Gypsophila paniculata*	M	0.25~0.5	3~5	叶片尖细、Em Br	白色、Su（E）	3~9个月
堆心菊属杂交品种 *Helenium hybrids*	T	0.25~1.0	9	浓绿色、Up	黄色、红色、棕色、 Su（L）~Au	3~9个月
铁筷子属及杂交品种 *Helleborus* spp. and hybrids	S	0.25~1.0	9	掌状、EBB	各种颜色、Sp	3~9个月
萱草属及杂交品种 *Hemerocallis* spp. and hybrids	S	0.25~1.0	9	团形、拱形、Li	黄色、红色、粉色、 Su（M~L）	3~9个月
矾根属及栽培品种 *Heuchera* spp. and cvs.	S	0.25~0.5	11	浅裂、叶色丰富、 BB	奶白色、Sp~Su（M）	3~9个月 / 短期
柔毛矾根 *Heuchera villosa*	S	0.25~0.5	9	浅裂、绿色、BB	奶白色、Su（L）~Au	3~9个月 / 短期
矾根和黄木枝杂交品种 × *Heucherella* cvs.	S	0.25~0.5	11	浅裂、有斑点、BB	奶白色、红色、 Sp~Su（M）	3~9个月 / 短期
玉簪属及杂交品种 *Hosta* spp. and hybrids	S~M	0.5~1.0	5~9	心形、叶片大、Au、BB	白色、丁香紫、 Su（M）	3~9个月
土木香 *Inula helenium*	T	0.25~0.5	7	叶片大、Em	黄色、Su（E~M）	3~9个月
大花旋覆花 *Inula magnifica*	T~VT	>0.5	7	叶片非常大、Em、Up	黄色、Su（M）	9个月
铜红鸢尾 *Iris fulva*	S	0.5~1.0	11	线形、Li	古铜色、Su（E）	3~9个月
西伯利亚鸢尾 *Iris sibirica*	M	0.25~0.5	11	密实直立的一团、Li	紫色、蓝色、Su（E）	9个月
裂叶马兰 *Kalimeris incisa*	S	0.25~1.0	9	叶片小而多、Up	浅紫色、Su（E）~Au	9个月
黄山梅 *Kirengeshoma palmata*	M	0.25~0.5	9	形似枫叶、Su	黄油色、Su（L）~Au	3~9个月
马其顿川续断 *Knautia macedonica*	S~M	0.25~0.5	7	长条形、SM、Br	粉色、深红色、 Su（E）~Au	3~9个月
火把莲属及栽培品种 *Kniphofia* spp. and cvs.	M~T	0.25~1.0	9	加强版莲座状、Li	黄色、橘色、 Su（M）~Au	3~9个月
紫花野芝麻 *Lamium maculatum*	L	0.25~0.5	9	叶片小而密实、Br、Pro	粉色、白色、 Sp~Su（E）	短期

寿命	扩散性	持久性	自播能力	生长习性	耐寒区	备注/其他品种和形态
Per	Mod	Hi	Mod~Hi	Su~Sh	5	品种繁多、绝大多数生命力都很强
Per	None	Hi	Lo	Su~HSh	4	秋色叶红色
Per	None	Hi	Lo	Su、Dr、Lo	4	在潮湿的土壤中寿命短
Per	Slo	Med	Lo	Su、Mo、Hi	3	
Per	Lim	Hi	Mod~Hi	Su~Sh、Dr	4	很多品种有着典型的枝干、寿命短
Per	Slo	Hi	Lo	Su	3~5	
Per	Lim	Li~Med	Lo	Su~HSh	4	性状比杂交品种更稳定
Per	Lim	Hi	Lo	Su~HSh、Mo	3	
Per	Slo	Hi	Lo	Su~HSh	4	
Per	Slo~Mod	Hi	Lo	Su~HSh、Mo、Hi	3	秋色叶黄色、品种繁多
Per	Lim	Hi	Lo	Su	5	
Per	Lim	Hi	Lo	Su	6	形态壮观、但容易倒伏
Per	Mod	Med	Lo	Su、Mo	5	
Per	Slo	Med	Mod	Su	4	
Per	Lim	Hi	Lo	Su~HSh	4	其他品种同样不错
Per	Slo	Hi	Lo	HSh、Mo	5	成形很慢
<5年	Slo	Hi	Hi	Su、Dr	4	
Per	Lim	Hi	Lo	Su	6和7	很多品种和变种可选、但耐旱性不同
Per	Slo	Med	Lo	HSh	3	某些品种有彩色的叶子

阔叶美吐根

'红宝石矮人'秋花堆心菊

铜红鸢尾

黄山梅

马其顿川续断

	高度/米	冠宽/米	种植密度（植株数量/平方米）	叶色/形态	花色/花期	观赏期
春苦豆 *Lathyrus vernus*	L	0.25~0.5	9	叶片细小、SM	粉色、白色、Sp	短期
新疆花葵 *Lavatera cachemiriana*	T	0.25~0.5	1	浅裂、毛茸茸的、Up	淡粉色、Su（M~L）	3~9个月
蛇鞭菊属 *Liatris* spp.	M~T	0.25~0.5	11	叶片细窄而繁多、Up、Em	粉色、Su（M~L）	3~9个月
大花丽白花 *Libertia grandiflora*	M	0.25~0.5	9	深色叶、团簇形、LB	纯白色、Su（E~M）	9个月
橐吾属及栽培品种 *Ligularia* spp. and cvs.	M~T	0.5~1.0	5~7	叶片大而茂盛、Em	黄色、Su（M）~Au	3~9个月
阔叶补血草 *Limonium platyphyllum* (*L. latifolium*)	S	0.25~0.5	7	叶片大、有光泽、Em	丁香紫、雾状的花、Su（M~L）	6个月
山麦冬属与沿阶草属 *Liriope* and *Ophiopogon* spp.	L	0.25~0.5	11	线形、E、Li	淡紫色、Su（L）~Au	3~9个月
半边莲属及栽培品种 *Lobelia* spp. and cvs.	M	<0.25	9	翠绿色、Em、Up	红色、紫色、粉色、Su（M~L）	短期
宿根银扇草 *Lunaria rediviva*	M	0.25~0.5	9	叶片宽大、绿色、Em	浅紫色、Sp~Su（E）	9个月
山柳珍珠菜 *Lysimachia clethroides*	M	0.5~1.0	7	叶片细窄、Em、Up	白色、Sp（L）~Su（M）	3~9个月
短命珍珠菜 *Lysimachia ephemerum*	M	0.25~0.5	9	灰绿色、叶片细窄、Em	白色、Su	3~9个月
千屈菜属 *Lythrum* spp.	MT	0.25~0.5	9	叶片细窄、Up、Br	粉色、Su（M~L）	3~9个月
博落回属 *Macleaya* spp.	T~VT	>1.0	5	灰绿色、叶片细窄、Up	花序细弱、Su（M~L）	9个月
总序鹿药 *Maianthemum racemosum* (*Smilacina*)	M	0.25~0.5	9	深色叶、SM	奶白色的、Sp	短期
滨紫草属 *Mertensia* spp.	L	0.25~0.5	9~11	灰色调、阔叶、LM	淡蓝色、Sp	短期
白普理美国薄荷 *Monarda bradburiana*	M	0.25~1.0	9	有香味、Up	淡粉色、Su（E）	9个月
美国薄荷属杂交品种 *Monarda* hybrids	M~T	0.25~1.0	9	有香味、Up	粉色、紫色、红色、Su（M）	3~9个月
槭叶草 *Mukdenia rossii*	L	0.25~0.5	9	叶片宽大、浅裂、BB	花朵不明显	3~9个月
总花猫薄荷及相似种 *Nepeta racemosa* and similar spp.	L~S	0.5~1.0	5~7	灰色调、有香味、Br、Pro	紫色、Su（E~L）	短期

寿命	扩散性	持久性	自播能力	生长习性	耐寒区	备注/其他品种和形态
Per	Lim	Hi	Lo	HSh	4	
<10年	None	Hi	Mod	Su	6	
Per	Slo	Hi	Lo	Su	4	在海洋性气候地区的冬季很可能腐烂
Per	Lim	Hi	Lo	Su Mo	8	有其他品种适合海洋性气候
Per	Slo~Mod	Hi	Lo	Su~HSh Mo	4和5	尺寸和扩散性有差异
Per	None	Hi	Lo	Su、Dr、Lo	3	
Per	Slo~Mod	Hi	Lo	HSh~Sh	5	扩散能力依气候条件而定
<10年	Lim	Med	Lo~Mod	Su、Mo、Hi	3~7	半边莲（ *L. syphilitica* ）种子的生命力很强
Per	Lim	Hi	Mod	HSh	4	有非常好闻的香气和漂亮的果子
Per	Mod~Rap	Hi	Lo	Su~HSh	3	类似狼尾花（ *L. barystachys* ），但扩散性更强
<10年	None	Hi	Lo	Su~HSh、Mo	6	
Per	None~Lim	Hi	Mod~Hi	Su、We	3	帚枝千屈菜（ *L. virgatum* ）在北美非常具有侵略性
Per	Mod~Rap	Hi	Lo~Mod	Su~HSh	3	小果博落回（ *M. microcarpa* ）扩散性稍差
Per	Slo	Hi	Lo	HSh~Sh	3	
Per	Slo	Hi	Lo~Mod	HSh~Sh	3	
Per	Mod	Hi	Mod	Su~HSh、Dr、Lo	3	秋色叶非常漂亮
Per	Slo	V lo	Lo	Su~HSh、Lo	3	
Per	Slo~Mod	Hi	Lo	HSh~Sh	6	
Per	Lim	Hi	Mod	Su、Dr、Lo	4	更多新品种不断出现在市场上

春苦豆

新疆花葵

宿根银扇草

短命珍珠菜

美国薄荷

249

	高度/米	冠宽/米	种植密度（植株数量/平方米）	叶色/形态	花色/花期	观赏期
大花荆芥 *Nepeta sibirica*	M	0.5~1.0	5~7	叶片细窄、有香味、SM	蓝色、Su（M~L）	短期
短柄荆芥 *Nepeta subsessilis*	M	0.25~0.5	9	叶片小、有香味、SM	淡紫色、Su（M~L）	短期
灌木月见草 *Oenothera fruticosa*	S	0.25~0.5	9	叶片细窄、SM	黄色、大朵、Su（E~M）	3~9个月
牛至属及栽培品种 *Origanum* spp. and cvs.	S~M	0.25~0.5	11	叶片小、有香味、SM	粉色、红色、Su（M~L）	3~9个月
芍药属草本植物及栽培品种 *Paeonia* herbaceous spp. and hybrids	M	0.25~1.0	3~5	叶片大、深裂、SM	粉色、红色、Su（E）	3~9个月
鬼罂粟杂交品种 *Papaver orientale* hybrids	M	0.5~1.0	7	毛茸茸的、锯齿形、LM	橘色、粉色、Su（E）	短期
全缘叶银胶菊 *Parthenium integrifolium*	M	0.25~0.5	9	锯齿形、深色叶、SM	白色、Su（E~M）	3~9个月
毛地黄钓钟柳 *Penstemon digitalis*	S	0.25~0.5	9	深色叶、红色调、Em	白色、Su（E）	3~9个月
滨藜叶分药花栽培品种 *Perovskia atriplicifolia* cvs.	M	0.25~0.5	1~3	灰色调、Up	紫色、Su（M）	9个月
抱茎蓼栽培品种 *Persicaria amplexicaulis* cvs.	M~T	>0.5	3~5	叶片大、阔叶、Br	红色、粉色、Su（M）~Au	3~9个月
拳参 *Persicaria bistorta*	S	0.5~1.0	5	叶片大、阔叶、Em	粉色、Su（E）	短期
西亚木糙苏 *Phlomis russeliana*	M	0.5~1.0	9	叶片大、阔叶、E、Em	柔和的黄色、Su（E）	9个月
希腊橙花糙苏 *Phlomis samia*	M	0.25~1.0	9	大的、阔叶、Em	粉色、Su（E）	9个月
块根糙苏 *Phlomis tuberosa*	T	0.25~1.0	9	深色叶、有藤蔓、Em	粉色、Su（E）	9个月
天蓝绣球及斑茎福禄考的栽培品种和杂交种 *Phlox paniculata* and *P. maculata* cvs. and hybrids	M~T	0.25~1.0	9	葱绿色、Up	粉色、红色、紫色、Su（M~L）	3~9个月
林地福禄考与匍枝福禄考的栽培品种 *Phlox divaricata* and *P. stolonifera* cvs.	L	0.25~1.0	11	叶片小而多、Br、Pro	蓝色、粉色、Sp~Su（E）	短期
花荵 *Polemonium caeruleum*	M	<0.25	9	蓝色调、Em	蓝色、Su（E）	短期
黄精属与万寿竹属及杂交种 *Polygonatum* and *Disporum* spp. and hybrids	M	0.25~0.5	9	叶形优美、Up	奶白色的铃铛形、Sp	3~9个月
报春花属喜马拉雅类型 *Primula* – tall Himalayan types	M	<0.25	11	有褶皱、Em	粉色、黄色、Su（E）	短期

寿命	扩散性	持久性	自播能力	生长习性	耐寒区	备注/其他品种和形态
Per	Mod	Med	Mod	Su~HSh、Dr	3	不耐热
Per	Lim	Hi	Lo	Su~HSh	4	
<10年	None	Hi	Mod~Hi	Su、Dr、Lo	4	还有许多其他不错的品种
Per	Lim	Hi	Hi	Su~HSh、Dr、Lo	5	
Per	Lim	Hi	Lo	Su、Hi	3	
Per	Lim	Hi	Lo	Su、Dr	3	夏季会休眠
Per	Lim	Hi	Lo	Su、Dr	4	
<10年	Lim~Slo	Hi	Lo	Su~HSh、Dr	3	秋色叶深红色
Per	None	Hi	Lo	Su、Dr、Lo	3	能适应好几种气候
Per	Mod	Hi	Mod	Su~HSh、Mo、Hi	4	灌木式的生长方式
Per	Rap	Hi	Lo	Su~HSh、Mo、Hi	4	在夏末时可能二次开花
Per	Mod	Hi	Mod	Su~HSh、Dr	4	只需要极少的维护，能遏制杂草的生长
Per	Mod	Hi	Lo	Su、Dr	7	
Per	Slo	Hi	Lo~Hi	Su、Dr	5	
Per	Slo	Lo~Med	Lo	Su~HSh、Hi	3和4	不同品种的生长表现差异很大
Per	Mod	Med	Lo	Su~HSh	3~5	需要腐殖质多的土壤才能长得茂盛
<5年	None	Hi	Mod~Hi	Su、Mo	4	不耐热
Per	Slo	Hi	Lo	HSh~Sh、Mo	3~5	有些品种可能夏季休眠
<5年~Per	None~Lim	Hi	Mod~Hi	Su~HSh、Mo	3~6	只有巨伞钟报春（*P. florindae*）不耐热

大花荆芥

抱茎蓼

拳参

天蓝绣球

杂交黄精

	高度/米	冠宽/米	种植密度（植株数量/平方米）	叶色/形态	花色/花期	观赏期
肺草属及栽培品种 *Pulmonaria* spp. and cvs.	S	0.25~0.5	11	密被绒毛、叶片宽大、有斑点、LM	蓝色、粉色、Sp~Su（E）	短期
山薄荷属 *Pycnanthemum* spp.	M	0.25~1.0	9	灰色调、有香味、Up	苞片白色、Su（M~L）	3~9个月
鬼灯檠属及栽培品种 *Rodgersia* spp. and cvs.	M	0.5~1.0	9	叶片非常大、古铜色、BB	白色、粉色的大花、Su（E~M）	9个月
全缘金光菊 *Rudbeckia fulgida*	S	0.25~1.0	9	深色叶、阔叶、SM、Em	黄色、Su（L）~Au	3~9个月
金光菊 *Rudbeckia laciniata* (*R. nitida*)	T~VT	0.5~1.0	5	叶缘分裂、Em	黄色、Su（L）~Au	3~9个月
香金光菊 *Rudbeckia subtomentosa*	M	0.25~0.5	7	叶缘分裂、Em	黄色、Su（L）~Au	3~9个月
矮芦莉草 *Ruellia humilis*	S	0.25~0.5	9	叶片小而多、Br	紫色、Su（E）~Au	3~9个月
天蓝鼠尾草 *Salvia azurea*	T	0.5~1.0	9	灰色调、Em	蓝色、Su（L）~Au	短期
胶质鼠尾草 *Salvia glutinosa*	S~M	0.5~1.0	9	叶片宽大、SM	淡黄色、Su（E~M）	3~9个月
轮生鼠尾草 *Salvia verticillata*	S	0.25~0.5	9	质感粗糙、SM	紫色调、Su（M）	3~9个月/短期
超级鼠尾草，林荫鼠尾草，森林鼠尾草 *Salvia × superba*, *S. nemorosa*, *S. × sylvestris*	S	0.25~0.5	9	亚光质感、SM	蓝色、紫色、粉色、Su（E）和Su（L）	短期
地榆属 *Sanguisorba* spp.	S~T	0.5~1.0	3~5	羽状分裂、Em、SM	深红色、白色、Su（E）~Au	3~9个月
'马克斯·弗雷'肥皂草 *Saponaria lampeggii* 'Max Frei'	S	0.25~1.0	11	小的, S/E、SM、Pro	淡粉色、Su（E~L）	短期
高加索蓝盆花 *Scabiosa caucasica*	S	0.25~0.5	9	灰色调、浅裂、SM	淡蓝色、粉色、Su（M）	短期
灰毛黄芩 *Scutellaria incana*	M~T	0.25~0.5	9	长条形、Up、Br	蓝色、管状、Su（M~L）	3~9个月
'伯轮特安德森'景天 *Sedum* 'Bertram Anderson'	S	0.25~0.5	11	灰绿色、圆形、SM、Pro	紫色、粉色、Su（M~L）	短期
长药景天与紫景天的杂交种 *Sedum spectabile* and *S. telephium hybrids*	S	0.5~1.0	9	质感厚实、SM	粉色、红色、Su（L）~Au	9个月
细叶亮蛇床 *Selinum wallichianum*	M	0.5~1.0	9	细裂、Em	白色、伞状、Su（M）	3~9个月
桧葵属及栽培品种 *Sidalcea* spp. and cvs.	M	0.25~0.5	9	浅裂、Em	粉色、Su（M）	短期

寿命	扩散性	持久性	自播能力	生长习性	耐寒区	备注/其他品种和形态
Per	Slo	Hi	Lo	HSh~Sh、Mo	3~5	在炎热、干燥的夏季时节可能休眠
Per	None~Lim	Hi	Mod~Hi	Su~HSh、Mo	3~6	不同品种的耐干旱性不同
Per	Lim~Slo	Hi	Lo	HSh~Sh、Mo	3和4	成形很慢
Per	Slo~Mod	Hi	Lo	Su、Dr	3和4	花量很大
Per	Mod	Hi	Lo	Su~HSh、Mo、Hi	5	
Per	Mod	Med	Lo	Su~HSh	3	
Per	Mod	Hi	Mod	Su	3	
Per	Slo	Hi	Lo	Su	4	非常好的晚花品种
Per	Slo	Hi	Mod	Su~HSh、Dr	4	能很好适应干燥的荫蔽区
<10年	Lim	Hi	Lo	Su	6	
<10年	Slo	Hi	Hi	HSh、Dr	6	能适应干燥、钙化的土壤
Per	None	Hi	Mod~Hi	Su	6	具有通透的花序
Per	None	Hi	Mod	Su、Dr、Lo	6	
<10年	Lim~Mod	Hi	Mod	Su、Mo	3~5	
Per	Slo	Hi	Lo	Su	7	具有好看的灰色种子
Per	None	Hi	Mod	Su	4	
Per	Slo	Hi	Lo	Su、Dr	5	变种和杂交种很丰富
<10年	Lim	Hi	Lo	Su、Dr	5	
<10年	None	Hi	Lo	Su、Dr	4	

短齿山薄荷

七叶鬼灯檠

香金光菊

矮芦莉草

细叶亮蛇床

	高度/米	冠宽/米	种植密度（植株数量/平方米）	叶色/形态	花色/花期	观赏期
松香草属 *Silphium* spp.	T~VT	0.5~1.0	1	叶大、革质、Em	黄色、Su（L）~Au	3~9个月
一枝黄花属的杂交种 *Solidago* and × *Solidaster* spp. and hybrids	M~T	0.25~1.0	7	叶小而繁多、Up	黄色、Su（L）~Au	3~9个月
大花水苏 *Stachys macrantha*	S	0.25~0.5	9	叶片宽大、LM	紫色、粉色、Sp（L）~Su（E）	3~9个月
绵毛水苏 *Stachys byzantina*	S	0.5~1.0	11	银色叶、密被绒毛、LM	花朵不明显	短期
药水苏及杂交种 *Stachys officinalis* and hybrids	S	0.25~0.5	9	叶片小、深色叶、Em	深粉色、Su（M）	9个月
'紫红'高加索聚合草 *Symphytum* 'Rubrum'	S~M	0.5~1.0	9	叶片大、质感粗糙、LM	红色、Sp（L）~Su（E）	短期
美丽牛眼菊 *Telekia speciosa*	T	0.5~1.0	5~7	叶片非常大、Em	黄色、Su（E~L）	3~9个月
大穗杯花 *Tellima grandiflora*	S	0.25~0.5	11	密实、浅绿色、LM	淡绿色、Sp（L）	短期
欧洲唐松草 *Thalictrum aquilegifolium*	M~T	0.25~0.5	9	精致的小叶子、Em	紫色、粉色、Su（E）	3~9个月
黄唐松草 *Thalictrum flavum*	T	0.25~0.5	7	灰色调、Em	淡黄色、Su（E）	3~9个月
狭叶唐松草 *Thalictrum lucidum*	T	0.25~0.5	7	光亮的小叶子、Em	奶黄色、Su（E）	3~9个月
柔毛唐松草 *Thalictrum pubescens* (*T. polygamum*)	T~VT	0.25~0.5	9	精致的小叶子、Em	奶白色、Su（E）	3~9个月
偏翅唐松草和紫花唐松草以及杂交种 *Thalictrum delavayi*，*T. rochebrunianum* and hybrids	T~VT	0.25~0.5	9	精致的小叶子、Em	紫色、粉色、Su（M）	3~9个月
野决明属 *Thermopsis* spp.	M	0.25~1.0	5~7	叶小、Up、Em	黄色、形似羽扇豆、Su（E）	3~9个月
黄水枝属及栽培品种 *Tiarella* spp. and cvs.	S	0.25~0.5	11	好看的纹理、LM	奶白色、Sp	短期
油点草属及栽培品种 *Tricyrtis* spp. and cvs.	S~M	0.25~0.5	9	优美的叶形、Up	带圆点的、Su（L）~Au	短期
匈牙利车轴草 *Trifolium pannonicum*	S	0.25~0.5	9	形似四叶草、LM	奶白色、Su（E~M）	3~9个月
狐尾车轴草 *Trifolium rubens*	S	0.25~0.5	9	形似四叶草、LM	粉色、红色、Su（E~M）	3~9个月
金莲花属及栽培品种 *Trollius* spp. and cvs.	S~M	0.25~0.5	9	深色叶、浅裂、Em	黄色、Sp~Su（E）	短期

寿命	扩散性	持久性	自播能力	生长习性	耐寒区	备注/其他品种和形态
LL	Lim	Hi	Mod	Su	3	细裂松香草(*S. laciniatum*)的叶子是深裂的
Per	Slo~Rap	Med~Hi	Mod	Su	3~5	花序形态和扩散方式范围很广
Per	Slo	Hi	Lo	Su~HSh	6	
Per	Mod	Hi	Lo	Su、Dr	5	'大耳朵'（'Big Ears'）效果非常好
Per	Lim	Hi	Mod	Su~HSh	5	
Per	Mod	Hi	Lo	Su~HSh、Hi	5	其他许多品种通常带有侵略性的扩张
<10年	None	Hi	Mod	HSh	6	还有紫色和古铜色叶片的变种
Per	Slo	Hi	Mod~Hi	HSh~Sh	6	适应于干燥的荫蔽区
Per	Lim	Hi	Mod~Hi	Su~ HSh、Mo	4	所有品种都喜好凉爽的气候
Per	Lim	Hi	Mod	Su、Mo	5	
Per	Slo	Hi	Mod~Hi	Su、Mo	4	
Per	Lim	Hi	Mod	Su、Mo	4	
Per	Lim	Hi	Lo	Su~HSh、Mo	5	有越来越多的杂交品种可用
Per	Lim	Hi	Lo	Su	2~4	一些品种的扩散性非常好
Per	Slo~Mod	Hi	Lo	HSh~Sh、Mo	4	有许多新的品种
Per	Slo~Mod	Hi	Lo	HSh~Sh、Mo	4~6	有许多新的品种
Per	None	Hi	Lo~Mod	Su	5	
Per	None	Hi	Mod	Su	6	
Per	None	Hi	Lo	Su、Mo	5和6	

皱叶一枝黄花

'大耳朵'绵毛水苏

欧洲唐松草

紫花唐松草

惠利氏黄水枝

	高度/米	冠宽/米	种植密度（植株数量/平方米）	叶色/形态	花色/花期	观赏期
藜芦属 *Veratrum* spp.	M~T	0.25~0.5	7	清晰的条形纹路、Em	绿色或棕色、Su	3~9个月
毛蕊花属 *Verbascum* spp.	T~VT	0.25~0.5		莲座状、Em	绝大多数是黄色、Su（E~M）	9个月
黄花紫菀草 *Verbesina alternifolia*	VT	0.5~1.0	7	叶片小而多、Up	黄色、小花、Su（L）~Au	3~9个月
铁鸠菊属 *Vernonia* spp.	VT	0.25~1.0	7	深色叶、叶片细窄、Up	深紫色、Au	3~9个月
奥地利婆婆纳及栽培品种 *Veronica austriaca* and cvs.	S	0.25~0.5	11	深色叶、叶片小、Up	深蓝色、Su（E）	短期
兔儿尾苗及栽培品种 *Veronica longifolia* and cvs.	M	0.25~0.5	9	叶片小而多、Up、Br	蓝色、粉色、Su（M~L）	3~9个月
穗花婆婆纳 *Veronica spicata*	S	0.25~0.5	9	灰色调、Up、SM	蓝色、粉色、Sp~Su（E）	3~9个月
腹水草属及栽培品种 *Veronicastrum* spp. and cvs.	T	0.25~0.5	7	叶片细窄、Em、Up	蓝色、粉色、Su（E~M）	9个月
黄花艾叶芹 *Zizia aurea*	S	<0.25	9	分裂的、翠绿色、Em	绿色、黄色、Sp~Su（E）	3~9个月

观赏草

	高度/米	冠宽/米	种植密度（植株数量/平方米）	叶色/形态	花色/花期	观赏期
大须芒草 *Andropogon gerardii*	VT	0.5~1.0	5	直立的、簇生	特别的花穗、Su（L）	3~9个月
新西兰风草 *Anemanthele lessoniana*	S	0.5~1.0	5	橄榄绿到古铜色、丛生	散开的花穗、Su（L）~Au	3~9个月
垂穗草 *Bouteloua curtipendula*	M	0.25~1.0	9	直立的、丛生	细窄的花穗、Su（E~L）	3~9个月
凌风草 *Briza media*	S	<0.25	9	灰色调、松散的、丛生	下垂的花穗、Su（E）	短期
‘卡尔福斯特’拂子茅 *Calamagrostis acutiflora* ‘Karl Foerster’	T	0.5~1.0	1~3	笔直的、簇生	毛茸茸的花穗、Su（E）~Wi	9个月
宽叶拂子茅 *Calamagrostis brachytricha*	M	0.25~1.0	5	舒展的、丛生	毛茸茸的花穗、Su（L）~Wi	3~9个月
棕榈叶薹草 *Carex muskingumensis*	S	0.25~0.5	7	葱绿色、有层次、簇生	花朵不明显	9个月
雀麦薹草 *Carex bromoides*	S	0.25~0.5	11	精致的、簇生	花朵不明显	短期
常绿薹草和其他新西兰品种 *Carex dipsacea* and other New Zealand spp.	S	0.25~0.5	9	有色叶、丛生、E	花朵不明显	9个月

寿命	扩散性	持久性	自播能力	生长习性	耐寒区	备注/其他品种和形态
LL	Lim	Hi	Lo	Su~HSh、Mo、Hi	5和6	
<5年	None	Hi	Hi	Su、Dr、Lo	4和5	属内种类很多，但不群植在一起
LL	Slo	Hi	Lo	Su、Mo	4	装饰价值有限
LL	Slo	Hi	Lo	Su、Mo、Hi	4	
Per	Slo	Hi	Lo	Su、Dr	4	许多品种可选
Per	Slo	Hi	Mod	Su、Mo	4	许多品种可选
Per	Slo	Hi	Mod	Su、Dr	3和4	许多品种可选
Per	Slo	Hi	Mod	Su	3	品种在增加、有好看的秋色叶
Per	Slo	Hi	Mod	Su	3	与心叶防风（Z. aptera）类似
LL	Slo	Hi	Mod	Su	3	
<10年	None	Hi	Hi	Su~HSh	8	
Per	Mod	Hi	Lo	Su	4	格马兰草（B. gracilis）也是很好的地被植物
Per	Lim	Hi	Mod~Hi	Su	4	
Per	Mod	Hi	Lo	Su	5	
Per	None	Hi	Mod~Hi	Su	4	
<10年	Slo	Hi	Lo	Su~HSh	4	具有独特的习性
Per	Lim~Slo	Hi	Lo	Su~HSh、Mo	2	
10年~Per	None	Hi	Mod~Hi	Su	6	

藜芦

黄花紫菀草

北美腹水草

凌风草

‘卡尔福斯特’拂子茅

	高度/米	冠宽/米	种植密度（植株数量/平方米）	叶色/形态	花色/花期	观赏期
柔弱薹草 *Carex flacca*	S	0.25~0.5	11	细长结实、垫式、E	花朵不明显	短期
宾州薹草 *Carex pensylvanica*	S	0.25~0.5	11	精致的叶片、垫式、E	花朵不明显	短期
小盼草 *Chasmanthium latifolium*	M	0.25~0.5	7	阔叶、簇生	燕麦似的小花、Su（L）~Au	3~9个月
发草 *Deschampsia cespitosa*	M	0.25~1.0	5	深色叶、有光泽、丛生	散开的花穗、Su（M）~Wi	9个月
瓶刷草 *Elymus hystrix* （*Hystrix patula*）	M	0.25~0.5	7~9	松散直立、簇生	展开的花朵、Su（M~L）	3~9个月
丽色画眉草 *Eragrostis spectabilis*	S	0.25~0.5	9	中等宽度、丛生、Au	散开的花穗、Su（L）	6个月
滇羊茅 *Festuca mairei*	S	0.25~0.5	1	细长结实、丛生	细长的花穗、Su（M）~Wi	9个月
箱根草 *Hakonechloa macra*	S	0.25~0.5	9	有序、从簇生到垫式、Au	花朵不明显	3~9个月
洽草 *Koeleria macrantha*	S	0.25~0.5	9	明亮的绿色、簇生	清淡的色彩、Sp（L）~Su（E）	3~9个月
地杨梅属及栽培品种 *Luzula* spp. and cvs.	L~S	0.25~0.5	9	阔叶、垫式、E	很短	短期
芒草栽培品种及相关品种 *Miscanthus sinensis* cvs. and related spp.	M~VT	0.5~1.0	1	阔叶、通常带有银色中脉、簇生	银色、Su（L）~Wi	3~9个月
天蓝麦氏草栽培品种 *Molinia caerulea* cvs.	M	0.25~0.5	5~7	叶片细窄、丛生、Au	散开的花穗、Au~Wi（E）	3~9个月
天蓝沼湿草 *Molinia caerulea* subsp. *arundinacea*	T~VT	0.5~1.0	1	叶片细窄、丛生、Au	散开的花穗、Au~Wi（E）	3~9个月
墨西哥羽毛草 *Nassella tenuissima* （*Stipa tenussima*）	S	<0.25	9	精致的叶片、丛生	柔软、Su（M）~Wi	9个月
柳枝稷及栽培品种 *Panicum virgatum* and cvs.	M~T	0.5~1.0	5	阔叶、簇生、Au	散开的花穗、Au~Wi	3~9个月
狼尾草 *Pennisetum alopecuroides*	M	0.5~1.0	1~3	叶片细窄、簇生、Au	毛茸茸的花穗、Su（L）~Wi（E）	3~9个月
东方狼尾草 *Pennisetum orientale*	MT	0.5~1.0	3~5	叶片细窄、簇生	毛茸茸的花、Su（L）~Wi（E）	3~9个月
帚状裂稃草 *Schizachyrium scoparium*	S~M	0.25~1.0	5~7	叶片细窄、丛生、Au	花朵十分小巧	3~9个月
蓝禾属 *Sesleria* spp.	S	0.25~0.5	9	密实、蓝绿色、垫式	花朵不明显	9个月

寿命	扩散性	持久性	自播能力	生长习性	耐寒区	备注/其他品种和形态
Per	Mod	Hi	Lo	Su~HSh	4	在海洋性气候地区中有侵略性
Per	Mod	Hi	Lo	HSh	4	成形很慢
Per	Lim	Hi	Lo	Su~HSh	3	
<10年	None	Hi	Hi	Su~HSh、Lo	4	
Per	Slo	Hi	Lo	Su~HSh	3	夏季可能休眠
5~10年	None	Hi	Mod	Su	5	
Per	None	Hi	Lo	Su	5	植株很大
Per	Slo~Mod	Hi	Lo	HSh、Mo	5	
5~10年	None	Hi	Mod	Su	4	一些品种有古铜色的叶子
Per	Mod	Hi	Lo	HSh~Sh	6	比想象的要更耐寒
Per	Slo	Hi	Lo~Hi	Su	5	
Per	None	Hi	Lo	Su~HSh	4	适合与体型矮的植物搭配
Per	None	Hi	Lo	Su~HSh	4	秋色叶黄色
<5年	None	Hi	Hi	Su	7	
Per	Slo	Hi	Mod	Su	4	成形常常很慢
Per	Slo	Hi	Mod	Su	6	夏季可能休眠
Per	Slo	Hi	Mod	Su	5和6	第一场霜降后，便会倒伏
5~10年	Lim	Hi	Mod~Hi	Su	3	
Per	Mod	Hi	Lo	Su、Lo	4	季末生长较慢

丽色画眉草

弯叶画眉草

滇羊茅

箱根草

粉穗狼尾草

259

	高度/米	冠宽/米	种植密度（植株数量/平方米）	叶色/形态	花色/花期	观赏期
蓝刚草 *Sorghastrum nutans*	T	0.25~0.5	5~7	常为灰色调、簇生	棕色、Su（L）~Wi	3~9个月
大油芒 *Spodiopogon sibiricus*	M~T	0.25~0.5	5~7	阔叶、深色叶、簇生	棕色、Su（L）~Wi	3~9个月
异鳞鼠尾粟 *Sporobolus heterolepis*	M	0.25~1.0	9	精致的叶片、丛生	分散的、Su（L）~Wi	3~9个月
银羽草 *Stipa barbata*, 金羽草 *S. pulcherrima*	M	0.25~0.5	9	精致的叶片、丛生	花穗长、Su（E）	3~9个月
银针茅 *Stipa calamagrostis* （*Achnatherum*）	M	0.5~1.0	9	精致的叶片、丛生	柔软的花穗、Su（E）	3~9个月
巨针茅 *Stipa gigantea*	T	0.5~1.0	1	精致的叶片、丛生、E	伸展的、Su（E）	3~9个月
蕨类植物						
掌叶铁线蕨 *Adiantum pedatum*	S	0.25~0.5	11	精致的小叶子		短期
'金属'日本蹄盖蕨 *Athyrium niponicum* 'Metallicum'	S	0.25~0.5	9~11	细腻的纹理		短期
鳞毛蕨属 *Dryopteris* spp.	S~M	0.25~0.5	7~9	某些品种是落叶的、S/E		3~9个月
紫萁 *Osmunda regalis*	M	0.5~1.0	5~7	壮观的大叶、羽状分裂		9个月
黑鳞刺耳蕨及栽培品种 *Polystichum setiferum* and cvs.	S	0.25~0.5	7	细腻的分裂、E		9个月

寿命	扩散性	持久性	自播能力	生长习性	耐寒区	备注/其他品种和形态
LL	Slo~Mod	Hi	Mod	Su	3	'苏蓝'（'Sioux Blue'）形态尤其好
Per	Lim~Slo	Hi	Lo	Su~HSh	4	最好在凉爽的气候带地区种植
LL	Lim~Slo	Hi	Mod	Su、Dr	3	在凉爽的气候带地区成形很慢
Per	None	Hi	Lo	Su、Dr	5	
Per	None~Lim	Hi	Lo	Su、Dr	5	在肥沃的土壤中生长缓慢
LL	None	Hi	Lo	Su、Dr	5	以通透的花穗而出名
Per	Mod	Hi	Mod	Sh、Mo	3	
Per	Slo~Mod	Hi	Lo	Sh	3	
Per	Lim	Hi	Lo	Su~Sh	4和5	叶子质感和尺寸有很多选择
LL	Lim	Hi	Lo	Su~HSh、Mo	3	还有好几个相似的品种
LL	Lim	Hi	Lo	Su~Sh	6	最耐旱的几个品种之一

大油芒

巨针茅

掌叶铁线蕨

'赫伦豪森'多鳞耳蕨

关于植物的命名

令园艺师和景观专业人士感到苦恼的是，植物学家，或者更准确地说，植物分类学家似乎在不断更改植物的名称，赋予其冗长的命名。科学的准确性固然重要，但部分情况下需要做出妥协。在本书中，我主要遵循最广受推崇的命名机构之一的英国皇家园艺学会的命名。但为了避免混淆，请注意以下几点。

虽然某些名称分类正确，但由于过于冗长，不适合用在图表或市场推广，因此本书对这样的命名进行了简化：

- *Calamagrostis* 'Karl Foerster' 指的是 *Calamagrostis* × *acubiflora* 'Karl Foerster'；
- *Molinia* 'Edith Dudszus'、*M.* 'Heidebraut' 和 *M.* 'Moorhexe' 都是 *Molinia caerulea* 亚种变种；
- *Molinia* 'Transparent' 指的是 *M. caerulea* subsp. *arundinacea* 'Transparent'，*M. caerulea* subsp. *arundinacea* 的株高要高得多。

分类学家将更改植物名称视为重新审视旧知识、推广新知识的过程中的一环。但名称的更改会迫使园艺和景观行业工作者花费很长时间更新知识，且在某些情况下，更改后的名字也可能不被完全接受。在本书中，我也用到了一些备受争议或处于变更状态的植物名称。

Aconogonon 'Johanniswolke' 在英语国家中被称为 *Persicaria polymorpha*。我认同分类学家对于属名的界定，但由于该植物是源于汉斯·西蒙（Hans Simon）苗圃的杂交种，所以我认为使用其在德国广为接受的品种名（意为"施洗约翰的崛起"）较为合适。

Asperula odorata 即为 *Galium odoratum*。

虽然紫菀属（*Aster*）已经根据新近DNA数据进行了重新调整，但由于那些新名称尚未被植物界之外的人士所熟知，所以我仍然采用的是其旧称。以下这些植物的新名称是由美国农业部和密苏里州植物园共同拟定的。

Aster cordifolius 现更名为 *Symphyotrichum cordifolium*。

Aster divaricatus 现更名为 *Eurybia divaricatus*。

Aster ericoides 现更名为 *Symphyotrichum ericoides*。

Aster laevis 现更名为 *Symphyotrichum leave*。

Aster lateriflorus 'Horizontalis' 现更名为 *Symplyotrichum lateriflorum* 'Horizontalis'。

Aster novae-angliae 现更名为 *Symphyotrichum novaeangliae*。

Aster oblongifolius 'October Skies' 现更名为 *Symphyotrichum oblongifolium* 'October Skies'。

Aster umbellatus 现更名为 *Doellingeria umbellate*。

Aster xherveyi 'Twilight'（*A. macrophyllus*）现更名为 *Eurybia xherveyi* 'Twilight'（*E. macrophylla*）。

Aster ageratoides、*Aster xfrikartii* 和 *Aster tartaricus* 保持不变。

Baptisia leucantha 被归为 *Baptisia alba* 的亚种 *macrophylla*。

我们将升麻属（*Cimicifuga*）归入类叶升麻属（*Actaea*）中的一支，但这种分类方式并未被广泛接受。好在这对园艺师的影响不大。

在DNA分析技术的支持下，泽兰属（*Eupatorium*）植物命名也出现部分更新。

Eupatorium rugosum 现更名为 *Ageratina rugosus*。

Eupatorium maculatum 现更名为 *Eupatoriadelphus maculatus*。

Limonium latifolium 现更名为 *L. platyphyllum*。

较大型的景天属（*Sedum*）在现今情况下更名为 *Hylotelephium*。

拥有多个名称、涉及多个物种的小型绒毛状草，通常被称为 *Stipa tenuissima*，现更名为 *Nassella tenuissima*。

如果有读者希望了解植物更名的最新进展，推荐浏览国外的植物网站（虽然这些网站之间也存在一定的分歧）。

拓展阅读

我们已出版两本书：《用植物进行设计》（*Designing with Plants*，Timber Press，1999年）和《植物设计：时空中的花园》（*Planting Design: Gardens in Time and Space*，Timber Press，2005年），在很大程度上为本书的内容奠定了基础。我主笔的专著《景观中的景观》（*Landscapes in Landscapes*，Monacelli Press/Thames & Hudson，2011年）也为本书带来了一定启发。

在本书提到的同事中，奈杰尔·邓内特和詹姆斯·希契莫夫编辑出版了一本关注景观和环境管理的论著，名为《动态景观：自然主义城市种植中的设计、生态和管理》（*The Dynamic Landscape: Design, Ecology and Management of Naturalistic Urban Planting*，Spon Press，2004年）。

罗伊·迪布利克撰写了《罗伊·迪布利克的多年生小花园：关于维护方法的经验》（*Roy Diblik's Small Perennial Gardens: The Know Maintenance Approach*，American Nursery man Pub. Co.，2008年），并且（在撰写该书的同时）也在为木材出版社（Timber Press）编写一本书。

令英国人懊恼的可能是，对种植设计类文章贡献最多的是德国从业者，也是他们将种植设计提升到了真正的学科高度。沃尔夫冈·博沙特的《种植组成：应用植物的艺术》（*Pflanzenkompositionen: Die Kunst der Pflanzenverwendun*，Ulmer Verlag，1998年）是一本经典著作，为有关种植结构的大量研究奠定了基础。博沙特率先将植物划分为主题植物、孤植植物等类别，以下作者对此进行了更加详尽的阐述：理查德·汉森和弗里德里希·斯塔尔的《多年生植物及其园艺栖息地》（*Perennials and their Garden Habitats*，Cambridge University Press，1993年），

是一部从根本上帮助了解种植群落整体性思想的重要英文著作；诺伯特·库恩出版了一本关于种植设计的权威教材，名为《多年生植物的新用途》（*Neue Staudenverwendung*，Ulmer Verlag，2011年）。

本书关于植物长期表现的研究基于我未发表的博士论文《生态观赏草物种表现，特别是生产性环境中的物种竞争的研究》（谢菲尔德大学，2009年），以及进一步的研究《基于从业者问卷调查评估观赏草植物的长期表现》（2010年）。后者是欧盟资助项目区域间合作计划Ⅳb计划"使场所盈利——公共和私人开放空间"（简称MP4，尚未发布）的一部分。我的个人网站上有该项目的详细信息以及一系列简读版本，也可链接至许多关于植物长期表现的其他研究和信息来源。

关于第1章中提到的"城市花园中的生物多样性"项目也可访问网站了解更多内容。

结语部分提到的两本书是斯蒂芬·布迪安斯基的《大自然的守护者：自然管理的新科学》（*Nature's Keepers: The New Science of Nature Management*，Free Press，1995年）和艾玛·马里斯的《喧闹的花园：在人类统领的世界里保护大自然》（*Rambunctious Garden: Saving Nature in a Post-Wild World*，Bloomsbury，2011年）。

人们常希望我提供一些多年生植物的参考资料。在我和我的同事撰写的书出版前，我认为在这方面最全面的著作是由格雷厄姆·赖斯编写的皇家园艺学会《多年生植物百科全书》（*Encyclopedia of Perennials*，Dorling Kindersley，2006年），尽管该书对于专业人士来说用途有限。最好的在线信息资源来自密苏里州植物园，可通过访问网站了解更多内容。

致谢

　　集体智慧总是比个人知识更全面，在撰写本书的过程中我们大量征求了同事们的意见。尤其要感谢来自德国的卡西亚·施密特和来自美国的罗伊·迪布利克，他们在多年生植物培育和管理方面为我们提供了宝贵的意见和经验。瑞克·达克将花园和景观设计置于更广阔的生态背景下展开讨论，为我们提供了有建设性的建议。同时感谢以下朋友为本书做出的贡献（排名不分先后）：田边裕子、特雷西·迪萨巴托·奥斯特、沃尔夫拉姆·基歇尔、尼尔·迪博尔、马丁·休斯-琼斯、科琳·洛克维奇、珍妮弗·戴维特、尼尔·卢卡斯、杰奎琳·凡·德·克洛埃特和达格玛·希洛娃。

　　感谢授权我们在第5章中引用其工作成果的同事：海纳·卢兹、佩特拉·佩尔兹、奈杰尔·邓内特、詹姆斯·希契莫夫和丹·皮尔森。

　　本书的编写对于我们来说是一项挑战。我们邀请同事传阅书文草稿，以明确本书的意义所在，而且更重要的是指出那些意义不大的部分。感谢丹妮拉·科莱、约翰·马德、艾略特·福赛斯和苏珊·福赛斯的意见和监督，感谢凯瑟琳·卢卡斯对于重复内容的校对，感谢阿玛莉亚·罗布雷多对部分章节可读性的建议。感谢杭烨在图片选择、图表绘制和书籍在中国出版方面所做出的努力。

　　感谢安娜·芒福德和木材出版社（Timber Press）的其他工作人员，以及我们的经纪人兼助手海伦·莱斯格，我们十分欣赏他们开朗的性格和惊人的工作效率。最后，感谢我们的妻子安雅·奥多夫和琼·艾略特，在本书编写过程以及整个职业生涯中给予我们的关爱与长期支持。非常感谢我们一起在荷兰霍美洛工作期间，安雅的款待以及源源不断的面包、奶酪和咖啡供应。

照片来源说明

所有的照片及种植设计图均为皮特·奥多夫的作品，除了以下部分。

Sheila Brady: 218页

Imogen Checketts: 034~035页

Rick Darke: 67页

Roy Diblik: 190页，199页（上）

Nigel Dunnett: 001页前一页，003页

Joanna Fawcett: 080~081页，083页（右上）

Ye Hang:114~119页插图

Walter Herfst: 032页，036~037页，059页（下），099页

James Hitchmough: 219页，221页

Andrea Jones/Garden Exposures: 014~015页，048~059页，215页，224页，230~231页

Noel Kingsbury: 019页，064页，125页（上），176页，177页，192页（上），214页

Heiner Luz Landschaftsarchitekt BDLA DWB: 212~213页

Philip Ottendorfer: 185页

Dan Pearson: 196~197页

Petra Pelz: 216~217页

Julie-Amadea Pluriel: 180页，220页插图

Amalia Robredo: 010页

Cassian Schmidt, Bettina Jaugstetter: 008~009页，022~023页，144~145页，146~147页，148~149页，192页（下），200~201页，202页，204~205页，210页，226~227页

植物索引

译者注：一些植物的品种名暂无中文名，因此采用了新拟的形式，仅供参考。